Claudia Korthaus

TYPOGRAFIE für alle

Überzeugen Sie mit guter Schrift

Kapitel 1

Die Bedeutung von Typografie

Ein kurzer Überblick

Die Bedeutung von Typografie

Ein kurzer Überblick

Typografie ist mehr als das Aneinanderreihen von Zeichen. Mit jeder Schrift, die wir wählen, vermitteln wir gleichzeitig eine Botschaft und treffen eine Aussage.

Gute Typografie optimiert den schriftlichen Gedanken so, dass er verstanden werden kann.

Um jemandem etwas mitzuteilen, braucht es zweierlei: den Inhalt und die Vermittlung. Ganz klar, wer nichts zu sagen hat, sollte auch besser schweigen. Aber wer einen Inhalt mitteilen möchte, sollte immer auch an seine Präsentation denken. Und bei der nicht mündlichen Präsentation eines Inhalts kommt dann die Schrift ins Spiel. Genauso ist es mit diesem Buch auch. Was möchte ich erreichen? Ich möchte, dass Sie es interessant und lesenswert finden und deswegen nicht mehr weglegen oder zumindest immer wieder gern in die Hand nehmen. Darüber hinaus sollen Sie das, was ich Ihnen vermitteln möchte, leicht verstehen können. Denn wenn etwas Geschriebenes nicht leicht verständlich ist, kann es noch so spannend sein – den Ehrgeiz, sich durch schwer verständlichen Inhalt zu kämpfen, haben nur wenige. Verständlicherweise.

Wie ist er, unser Kunde?

Bevor wir die eigentliche Aufgabe genauer betrachten, werfen wir einen kurzen Blick auf unser Gegenüber – auf denjenigen, der Teil unserer Herausforderung ist: unser Leser beziehungsweise Kunde.

Wie ist dieser Leser, also derjenige, für den wir gestalten, schreiben und den wir adressieren? In jedem Fall unterscheidet er sich an vielen Stellen von uns. Im Gegensatz zu uns findet er unseren Text oder unsere Gestaltung nicht automatisch interessant. Er begegnet unserer Gestaltung nicht unbedingt mit dem gleichen Interesse, mit dem wir die Inhalte designt haben. Er findet sie auch nicht in jedem Fall gelungen oder gar optimal, und vielleicht hat er sogar einen anderen Geschmack. Er will uns auch nicht per se einen Gefallen tun, indem er freundlicherweise unseren Text liest, obwohl ihn das Thema gar nicht interessiert. Vielleicht, und das ist eine provokative Behauptung, wartet er nur geradezu darauf, einen Grund zu finden, um zu dem Schluss zu kommen, dass der Text langweilig ist, und ihn beiseitezulegen.

Unser potenzieller Leser ist also in mehrfacher Hinsicht eine echte Herausforderung für uns. Er sitzt nicht in unserem Wunschland, an einem ruhigen Ort, ohne jegliche Ablenkung, aufs Höchste interessiert an unserem Text, von vornherein begeistert von Form und Inhalt und so voller überfließender Liebe für all unsere Gestaltungen, dass ihm die rosarote Brille niemals von der Nase rutschen könnte.

Unsere Ziele

Unsere beiden wichtigsten Ziele lauten also:

1. das Interesse des Betrachters zu wecken
2. den Inhalt verständlich zu machen und möglichst klar zu vermitteln.

Wir müssen unseren Leser dort abholen, wo er steht – und nicht dort, wo wir ihn gern hätten.

Und wie hätte es auch anders sein sollen: Das Erreichen dieser beiden Ziele ist stark von der Typografie abhängig.

Vielleicht denken Sie jetzt: Was? Es kommt also gar nicht darauf an, was ich schreibe, sondern nur, wie es aussieht? Nein. Natürlich ist der Inhalt genauso wichtig wie seine Darstellung. Es ist ein Ineinanderspielen zweier Komponenten, ein gegenseitiges Unterstützen. Manchmal kommt dem einen eine größere Bedeutung zu, manchmal aber auch dem anderen. Wer an welcher Stelle die wichtigere Rolle spielt, darauf wollen und können wir uns im Detail nicht festlegen. Aber sicherlich liegt es auf der Hand, dass die Typografie und die Gestaltung bei einem Plakat mehr Gewicht haben als beispielsweise in einer E-Mail.

Inhalt und Gestaltung – ein Beispiel: Wer bekommt den Job?

Die Bewerbung einer jungen Frau namens Julia Portmann auf die Stelle einer Industriekauffrau: Es handelt sich um eine Bewerbung mit dem gleichen Inhalt, aber in zwei Gestaltungsvarianten. Auch wenn die inneren Werte sowie die Kompetenzen von Julia Portmann bei beiden Bewerbungen identisch sind, vermute ich, dass die Julia Portmann auf der rechten Seite einen besseren und nachhaltigeren Eindruck hinterlässt und – wenn auch unbewusst – für kompetenter gehalten wird.

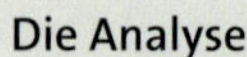

Die Analyse

Der Text verläuft recht einfallslos an der linken Kante und erstreckt sich über die gesamte DIN-A4-Breite, was nicht lesefreundlich ist. Der Seite fehlt es an Struktur und an Blickfängen. Die verwendete Schrift Times ist eine überstrapazierte Standardschrift, die keine Neugierde beim Betrachter weckt. Die Unterstreichungen sind unschön, und mangelnde Schriftgrößenwechsel sorgen für einen langweiligen Gesamteindruck.

Julia Portmann

Bewerbung zur Industriekauffrau

Sie suchen?
Sie sind auf der Suche nach einer engagierten, kommunikativen und zuverlässigen Teamverstärkung? Dann lohnt sich ein längerer Blick in meine Bewerbung zur Industriekauffrau, mit der ich mich gern bei Ihnen vorstellen möchte.

Ich bin.
Derzeit bin ich in einer Festanstellung, die ich aufgrund von weiteren Erfahrungen wechseln möchte. Ich wirke an Kundengesprächen mit, prüfe Überweisungsträger, aktualisiere Daten und bin an Seminaren zu Kapital- und Risikolebensversicherungen beteiligt. Für den kaufmännischen Beruf habe ich mich entschieden, da ich gern meine Stärken in Betriebswirtschaft beruflich nutzen und im Berufsalltag viel mit anderen Menschen zu tun haben möchte. Da sehr unterschiedliche Aufgabenbereiche wie Kundenbetreuung, Marketing und Einkauf zum Tagesgeschäft gehören, ist meine Arbeit sehr abwechslungsreich.

Ich freue mich.
Gern stehe ich Ihnen ab dem 15.07.2018 zur Verfügung. Von meiner besonderen Eignung überzeuge ich Sie am besten im direkten Gespräch. Wenn Sie an einer kompetenten Industriekauffrau interessiert sind, die den weltweiten Beschaffungsmarkt kennt und Ihre Beschaffungskosten kontinuierlich ohne Qualitätseinbußen senkt, dann vereinbaren Sie bitte jetzt einen Termin mit mir. Bis dahin verbleibe ich mit freundlichen Grüßen und freue mich über Ihr Interesse.
Susan Portmann

Softskills

Präsentationstechniken
Umgang mit Neuen Medien
Strukturierte Arbeitsweise
Teamfähigkeit
Menschenkenntnis
Kommunikationsfähigkeit
Belastbarkeit
Eigenverantwortung
Kritikfähigkeit
Umgangsstil

Werdegang

2004: Ausbildung zur Industriekauffrau
5/2007–8/2012: Industriekauffrau bei Hermann & Söhne in Berlin
9/2012–jetzt: Industriekauffrau bei Ergobank in Berlin

Kontaktdaten
Julia Portmann
Brachmannstraße 24
10987 Berlin
mobil (0177) 76 65 65 78
mail mail@susanportmann.de

Professionelle Gesamtwirkung

Ausschlaggebend für den ersten Eindruck sind in erster Linie Aufteilung, Platzierung und Struktur sowie die Auszeichnung des Textes. Der Betrachter soll von Informationsgruppe zu Informationsgruppe geführt werden, Ruhepole erhalten sowie einen guten Überblick, indem zusammengehörende Informationen optisch zusammengefasst werden. Zudem sorgen ansprechende Fotos sowie die richtige Farbwahl und deren konsequente Anwendung für ein professionelles Gesamtbild und hinterlassen beim Betrachter im besten Fall den Eindruck einer kompetenten Bewerberin.

BEWERBUNG ZUR INDUSTRIEKAUFFRAU

Julia Portmann

KONTAKTDATEN

Julia Portmann
Brachmannstraße 24
10987 Berlin

mobil (0177) 76 65 65 78
mail mail@susanportmann.de

SOFTSKILLS

Präsentationstechniken
Umgang mit Neuen Medien
Strukturierte Arbeitsweise
Teamfähigkeit
Menschenkenntnis
Kommunikationsfähigkeit
Belastbarkeit
Eigenverantwortung
Kritikfähigkeit
Umgangsstil

WERDEGANG

2004 \\ Ausbildung zur Industriekauffrau

5/2007-8/2012 \\ Industriekauffrau bei Hermann & Söhne in Berlin

9/2012-jetzt \\ Industriekauffrau bei Ergobank in Berlin

SIE SUCHEN?

Sie sind auf der Suche nach einer engagierten, kommunikativen und zuverlässigen Teamverstärkung? Dann lohnt sich ein längerer Blick in meine Bewerbung zur Industriekauffrau, mit der ich mich gern bei Ihnen vorstellen möchte.

ICH BIN.

Derzeit bin ich in einer Festanstellung, die ich aufgrund von weiteren Erfahrungen wechseln möchte. Ich wirke an Kundengesprächen mit, prüfe Überweisungsträger, aktualisiere Daten und bin an Seminaren zu Kapital- und Risikolebensversicherungen beteiligt. Für den kaufmännischen Beruf habe ich mich entschieden, da ich gern meine Stärken in Betriebswirtschaft beruflich nutzen und im Berufsalltag viel mit anderen Menschen zu tun haben möchte. Da sehr unterschiedliche Aufgabenbereiche wie Kundenbetreuung, Marketing und Einkauf zum Tagesgeschäft gehören, ist meine Arbeit sehr abwechslungsreich.

ICH FREUE MICH.

Gern stehe ich Ihnen ab dem 15.07.2018 zur Verfügung. Von meiner besonderen Eignung überzeuge ich Sie am besten im direkten Gespräch. Wenn Sie an einer kompetenten Industriekauffrau interessiert sind, die den weltweiten Beschaffungsmarkt kennt und Ihre Beschaffungskosten kontinuierlich ohne Qualitätseinbußen senkt, dann vereinbaren Sie bitte jetzt einen Termin mit mir. Bis dahin verbleibe ich mit freundlichen Grüßen und freue mich über Ihr Interesse.

Julia Portmann

Fonts

- Stylish Calligraphy
- Dosis

aussagekräftige Überschrift als Blickfang

eine Grundfarbe – in verschiedenen Abstufungen und Varianten immer wieder aufgegriffen

Unterteilung

Die linke, farbig hinterlegte Spalte ermöglicht einen kurzen, stichwortartigen Überblick über die Bewerberin.
In der rechten, breiteren Hauptspalte finden die Ansprache und die Präsentation der eigenen Person statt. Zusätzliche Zwischenüberschriften verleihen dem Text Struktur.

Ein Zeichen – eine Wirkung

Jedes Zeichen übernimmt einen Teil der Vermittlungsarbeit.

Alle Zeichen einer Schrift haben eine Aufgabe, sozusagen einen Vermittlungsjob. Und der unterscheidet sich natürlich abhängig vom Medium und abhängig vom Inhalt. Nehmen wir als Beispiel den Buchstaben »a«. Soll er informieren oder unterhalten? Soll er auffallen oder eher in den Hintergrund treten? Kann er von einem Ausrufezeichen gut unterstützt werden? Oder würde er dadurch zu sehr in den Vordergrund geraten? Was ist mit seiner Größe? Passt er damit in die Umgebung? Ist genug Platz für diese Größe? Oder folgen noch viele weitere »a«, die sich den Platz teilen müssen?

Welche Wirkung soll das »a« beim Leser hinterlassen? Vielleicht leicht und sportlich? Oder kräftig, dominant? Modern? Traditionell? Und versteht sich das »a« gut mit seinem linken und rechten Nachbarn? Harmonieren die Buchstaben innerhalb des Wortes? Oder sollen sie vielleicht gar nicht harmonieren? Ist genau dieses Wort mit dieser Schrift optimal ausgezeichnet? Oder ist vielleicht die Schrift gut lesbar, dieses Wort jedoch wirkt irgendwie unpassend?

Unsere Aufgabe ist es, zu erreichen, alle Zeichen und Buchstaben ihren Job optimal ausführen. Mit der Wahl der Schrift, der Größe, der Platzierung, der Abstände, des Kontrasts und des Umfelds haben Sie alle Fäden in der Hand, um diese Aufgabe zu erfüllen.

Jeder Buchstabe hat eine Aufgabe.
Das »a« enthält nicht nur eine alphabetische Information, es vermittelt eine Stimmung, beinhaltet eine Aussage, hat eine Wirkung.

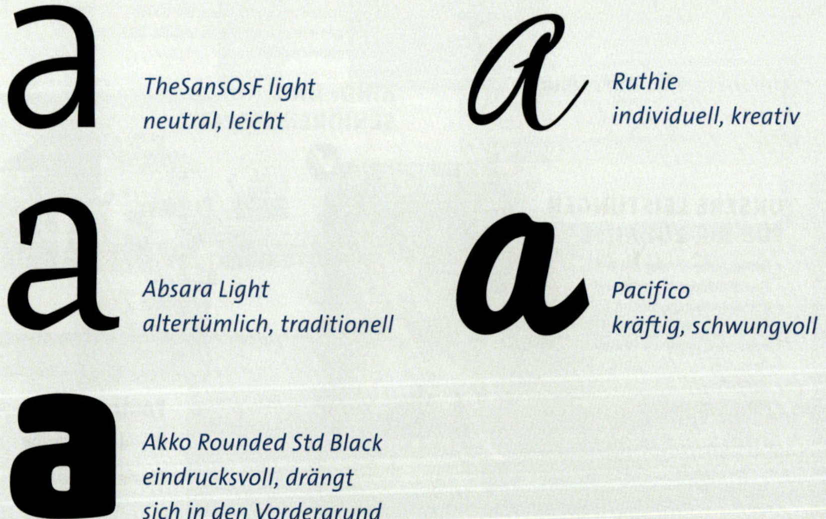

Ein Logo in vier Varianten

Im Beispiel handelt es sich um das Logo eines Internetproviders. Dabei soll ein großes »M« von einer die Geschwindigkeit symbolisierenden Linie durchzogen sein, die als solche nicht sichtbar ist, sondern nur abdeckt; dann folgen zwei Zeilen mit dem Namen des Unternehmens und dessen Slogan. Hier stellen wir uns nicht die Frage, ob eine der Schriften schöner oder besser oder qualitativ hochwertiger ist, sondern ob die Schrift und der Buchstabe hinsichtlich ihrer Form und Ausprägung beziehungsweise ihrer Proportionen für diesen Einsatz geeignet sind – nicht zuletzt trägt die Wirkung der Schrift hier zum Gelingen beziehungsweise Nichtgelingen bei.

Hier geht gleich die Sirene an: Eine Schreibschrift sollte man nicht für Großbuchstabentext verwenden. Davon einmal abgesehen – das »M« der Sarameto hat einen ausladenden Schweif, der die mittige Ausrichtung asymmetrisch wirken lässt, und aufgrund der dünnen Linienstärke der Schrift wirkt die Linie unpassend.

Die Birch Std ist sehr schmal und in die Höhe gestreckt. Wollte man das »M« mit den Textzeilen auf gleiche Breite bringen, würden die Größenverhältnisse nicht mehr stimmen.

Die Benguiat ist ebenfalls eine eher schlanke Schrift, was die Arbeit erschwert, da somit das »M« relativ hochgestreckt ist. Die Linie durchtrennt das »M« auf eine unschöne Art und Weise, da die Spitze in der Mitte des »M« nicht sehr weit nach unten ragt und somit an einer ungünstigen Stelle gekappt wird.

Hier wird mit der Schrift TheSansOsF gearbeitet. Für das »M« wird die TheSansOsF Black verwendet; darunter sind die TheSansOsF Light und die TheSansOsF Bold eingesetzt. Das Verhältnis zwischen der Breite der Linie und dem »M« wirkt harmonisch, und auch die Größenverhältnisse zwischen der Logo-Höhe und der Höhe der Schrift sind optimal.

Das Zusammenspiel

Es gibt unzählige gut lesbare Schriften. Würden wir jeden Buchstaben in unserem Text in einer anderen Schrift auszeichnen, wäre jeder einzelne davon für sich lesbar – das gesamte Bild, die Typografie aber ein reines Chaos und alles andere als lesefreundlich. Somit ist das Gesamtbild mehr als die Summe seiner Einzelteile.

Die Informationen, die dem Leser zuerst und mit höchster Priorität ins Auge fallen sollen, müssen in den Vordergrund gestellt werden. Das können Sie aber nur, wenn sie im Gegenzug die anderen Informationen zu-

∧ Das passt nicht zusammen.
Eine Broschüre zur Hautpflege. In der Überschrift wurde bewusst jeder Buchstabe in einer anderen Schrift ausgezeichnet. Das Ergebnis ist chaotisch und wenig ansprechend, und vor allem ist der Text so kaum lesbar.

rücknehmen. Dazu zählen auch die zahlreichen verschiedenen Schriftarten, die den Leser unnötig beschäftigen und vom Inhalt ablenken.

Wir arbeiten hier also gleich mit zwei Aspekten: Zum einen gilt es, das Zusammenspiel von Inhalt und Form zu unterstützen und zu gestalten, also mit einer guten Typografie den Inhalt, die Aussage und vor allem das Verstehen zu befördern; zum anderen müssen wir das Zusammenwirken der einzelnen Zeichen und Buchstaben untereinander beobachten. Großartig, wenn das Ganze funktioniert, dann sollten wir diese Fähigkeit der Wirkungskraft in jeder Konzeption nutzen.

^ Stimmiges Gesamtbild

In dieser Version wurde nur eine Schriftart verwendet, und davon auch nur ein Schnitt, nämlich die Droid Sans Regular. Durch die Schrift und die Großschreibung in der Überschrift entsteht der angemessen laute Eindruck, die kleine Grundschrift wirkt durch ihre im Verhältnis geringe Größe automatisch leichter. Die gesamte Gestaltung wirkt ruhig, übersichtlich, professionell und in sich geschlossen, trotzdem aber nicht langweilig. Es braucht also nicht mehrere Schriften, um eine Gestaltung interessant wirken zu lassen – ganz im Gegenteil.

Die Regeln der Typografie

Gute Typografie beschäftigt Schriftdesigner und Gelehrte nicht erst seit gestern. Bereits seit Jahrtausenden, seitdem der Mensch schreibt beziehungsweise bestimmte Arten von Zeichen zur schriftlichen Kommunikation verwendet, stellt sich uns Menschen die Frage, wie Aussagen am einfachsten transportiert und wie Zeichen am schnellsten verstanden werden können. Somit ist das Thema Typografie so alt wie die Geschichte des Schreibens, und die Regeln sind es ebenfalls. Damit wollen wir uns hier aber nicht weiter beschäftigen. Ich möchte Ihnen an dieser Stelle ganz praktische Tipps und – zum Teil auch heruntergebrochene – Regeln an die Hand geben, wie Sie Ihre PowerPoint-Präsentation lesbar und Ihre Visitenkarte zu einem Hingucker machen.

bunt, noch bunter, LuzGarden

unprofessionell wirkende Fotos

verschiedene Gelbtöne

Die Lampenfabrik – gut gemeint, aber nicht gut gemacht

Die Anzeige einer Lampenfabrik auf Teneriffa ist ein Sammelsurium von Farben, Schriften und Effekten, und das hilflos wirkende Logo mit vier Farben und einer arg gequälten Schrift macht das Ergebnis nicht besser.

falscher Gedankenstrich

Die oben verwendete Belwe BT ist eine eigenwillige und nicht jedermann sympathische Schrift, die sehr schwer zu kombinieren ist.

Zu viele Auszeichnungen, verschiedene Schriftarten und -größen sorgen für unnötige Unruhe.

So manche bereits bestehenden Regeln sorgen aber leider nicht für gute Typografie. Aus oft unerfindlichen Gründen haben sie sich über Jahre und Jahrzehnte hinweg gehalten – so ähnlich wie der Spinat, der nur durch einen Kommafehler seine eisenhaltige Berühmtheit erlangt hat. Auch diese Irr-Regeln kommen in diesem Buch zur Sprache, und ihnen wird ohne großes Tamtam widersprochen.

Besonders eindrucksvoll lässt sich die Wirkung guter Typografie mit Vorher-Nachher-Beispielen belegen. Denn jeder Leser und jeder Mensch hat grundsätzlich ein gutes Gefühl und Gespür ein harmonisches Zusammenspiel von Inhalt und Gestaltung, wenn auch oft ganz unbewusst. Er spürt instinktiv, dass der eine Text ansprechender ist als ein anderer. Die Gründe dafür kann er nicht unbedingt klar benennen – nach der Lektüre des Buches könnten Sie es ihm aber erklären.

Der Vorher-Nachher-Vergleich macht so manche Grundsatzdiskussion überflüssig.

Nicht zu bunt
In der ersten Alternative hat man sich nah am Original orientiert; die zweite Variante geht einen ganz anderen Weg. Beide Gestaltungen sind klar und übersichtlich, haben eine konsequente Farbgebung und beinhalten vor allem keine misslungenen Schriftkombinationen.

Fonts
- Meta HeadlineCond
- Meta Bold
- Meta Roman

Scribus

Scribus ist eine Open-Source-Software und eine kostenlose Alternative für alle Layouter. Der Funktionsumfang und die Benutzerfreundlichkeit reichen allerdings bei Weitem nicht an die Layoutprogramme heran. www.scribus.net

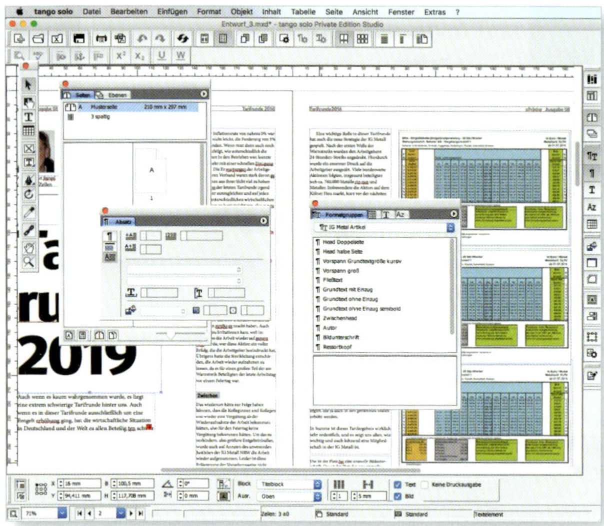

^ Tango Solo
Auch Tango Solo arbeitet seitenweise und bietet umfangreiche Layoutfunktionen.

Tango Solo von MarkStein Software

Tango Solo ist ein Layoutprogramm mit erfreulich großem Funktionsumfang, der stark an Adobe InDesign erinnert und sich in vielerlei Hinsicht auch mit der Adobe-Software messen kann. Die Arbeitsweise der Software ist seitenorientiert, und der Funktionsumfang erlaubt auch die Verarbeitung umfangreicher Dokumente. Die Software ist allerdings relativ wenig verbreitet, obwohl sich auch Daten zwischen Tango und InDesign austauschen lassen. Die Private Edition ist kostenlos erhältlich, die Professional Edition mit der Möglichkeit, Druck-PDFs zu erzeugen, ist kostenpflichtig.
www.markstein.com/tango-solo.html

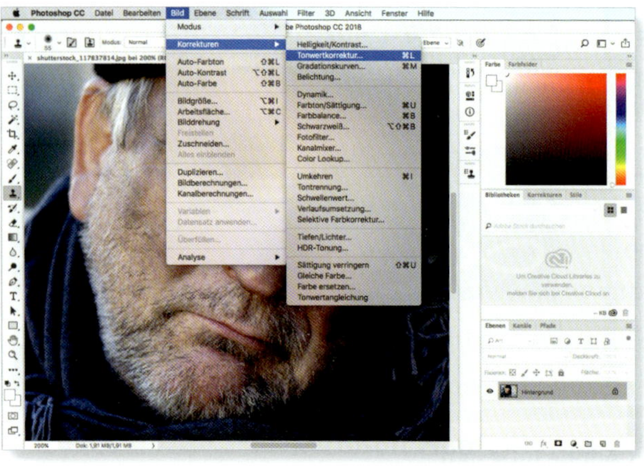

^ Adobe Photoshop
Photoshop erlaubt eine pixelbasierte Bildbearbeitung.

Adobe Photoshop und Adobe Photoshop Elements

Adobe Photoshop mit seinem sehr großen Funktionsumfang ist das Standardwerkzeug unter den professionellen Bildbearbeitern. Daneben bietet Adobe noch eine kleine Version namens Photoshop Elements an, die sich an Hobbyanwender richtet. Beide Software-Produkte sind innerhalb eines kostenpflichtigen Abos erhältlich.
www.adobe.de

GIMP

Das Bildbearbeitungsprogramm GIMP basiert ebenfalls auf Pixeln. Der Funktionsumfang ist etwas beschränkter als in Adobe Photoshop, stellt aber eine gute Alternative dar, um Bilder zu bearbeiten und zu korrigieren sowie Grafiken zu erstellen. Die Software ist kostenlos und ein guter Einstieg in die Bildbearbeitung.
www.gimp.org

Affinity Photo

Wer seine Gestaltung nicht nur mit Text, sondern auch mit Bildern aufbereiten möchte, benötigt in der Regel eine Bildbearbeitungssoftware. Affinity Photo als professionelles Bildbearbeitungsprogramm erinnert optisch an den Vorreiter Adobe Photoshop. Der Funktionsumfang untergliedert sich in einen Bildbearbeiter, ein pixelorientiertes Malprogramm und eine RAW-Entwicklungsumgebung und ist auch für eine professionelle Bildbearbeitung absolut ausreichend. Affinity Photo ist kostenpflichtig.
www.affinity.serif.com/de/photo

Kapitel 2

Die Schrift als Schlüssel

Voraussetzung und Vorbereitung

Die Schrift als Schlüssel

Voraussetzung und Vorbereitung

Schrift macht Sprache lesbar. Wenn wir eine gut lesbare Schrift wählen, heißt das allerdings noch nicht, dass die gesamte Typografie gelungen ist. Aber wenn die Schrift nicht gut lesbar ist, können wir mit dem Rest das Ruder auch nicht mehr herumreißen.

Die Schrift ist einer der Hauptakteure in der Typografie. Stellen Sie sich die Rolle der Schrift wie den Hauptdarsteller im Theater vor. Er ist wichtig, aber da sind auch noch die Nebendarsteller wie die Buchstabenabstände zueinander, die Zeilenbreite, der Zeilenabstand oder der Kontrast. Und für ein großartiges Stück braucht es beides: gute Haupt- und gute Nebendarsteller.

Schriftbeschaffung in der Praxis

Überlassen Sie dem Hauptakteur die meiste Aufmerksamkeit.

Vor dem Beginn des digitalen Zeitalters waren Schriften in jeder Hinsicht ein gewichtiges Projekt. Man musste nur dem armen Schriftsetzer kurz über die Schulter sehen und wusste, was es bedeutet, mal eben die Schrift zu wechseln (das entsprach der Aussage: »Mach alles noch mal von vorn!«) oder eine neue Schrift zu besorgen. Der Setzkasten, gefüllt mit zahllosen kleinen Bleistückchen, hat so manchem zu »Rücken« verholfen, und richtig arm dran war derjenige, dem der Kasten aus den Händen fiel. Früher war also so gesehen nicht alles besser, denn heute wiegt die Schrift nur noch im übertragenen Sinn, und genauso, wie sich die Herstellungsprozesse gewandelt haben, haben sich auch die Kostenfaktoren für den Schriftverbraucher geändert. Nicht zuletzt sorgen viele Schriftkünstler mit kostenlosen und trotzdem ansehnlichen und harmonisch geschnittenen Schriften dafür, dass auch der Nichttypograf für kleines Geld oder sogar kostenlos finden kann, mit denen gute Typografie möglich ist.

Kostenlose Schriften

Auch wenn heute kein Blei mehr bewegt werden muss – das Erstellen von Schriften ist kein Kinderspiel. Um Zeichen für Zeichen und vor allem das Zusammenspiel aller Kombinationen ausgewogen und professionell zu gestalten, bedarf es genauso viel Fachwissen und Gespür für Harmonie und Gestaltung wie Geduld, Zeit und Ausdauer.

Es stellt sich also schnell die Frage, warum es dann trotzdem eine Menge an kostenlosen Schriften im Netz gibt? Diese Tatsache kann verschiedene Gründe haben:

- Zum einen gibt es einige Schriften, die der Designer sozusagen als Betaversion veröffentlicht. Die Schrift funktioniert technisch, aber die Details stimmen noch nicht, und sie hat noch den einen oder anderen Fehler. Erst im Gebrauch zeigen sich diese Mängel, und der Designer korrigiert sie dann Schritt für Schritt, bis die Schrift final ist und gegen eine Gebühr verkauft werden kann.

Blei- und Maschinensatz
An Bleibuchstaben muss der Typograf heute nicht mehr feilen.

- Der zweite Grund kann natürlich die Werbung sein. Ein Designer, der eine Menge kostenpflichtiger Schriften anbietet, wirbt am besten für sich, indem er zunächst mit einer kostenlosen Schrift auf sich aufmerksam macht.
- Auch sieht man Gemeinschaftsprojekte von mehreren Designern, die eine neue Schrift als gegenseitige Inspirationsmöglichkeit betrachten und diese – teilweise auch zu allgemeinnützigen Zwecken – der Öffentlichkeit zur Verfügung stellen.
- Und nicht zuletzt gibt es den tatsächlich begabten Hobbytypografen, der sich einfach am Ergebnis seiner Künste erfreut. Aber hier gibt es eben auch den weniger begabten oder unter Zeitdruck arbeitenden Hobbytypografen, und im Ergebnis müssen Sie sehr genau hinsehen, auf welche Spezies und auf welche Schrift sie gerade stoßen.

Alle Schriften, ob nun kostenpflichtig oder kostenfrei erhältlich, sind mit sogenannten Lizenzen belegt. Schriftlizenzen sind Nutzungsverträge, die festlegen, zu welchen Bedingungen eine Schrift verwendet werden kann. Somit gilt:

Gentium Basic und Gentium Plus
Die Unicode-Schrift Gentium von Victor Gaultney soll der Völkerverständigung dienen und ist frei erhältlich. Die Plus-Version enthält unter anderem auch das griechische und kyrillische Alphabet. Mit ihren schräg angesetzten An- und Abstrichen, den Serifen und geringen Strichstärkenunterschieden ist die Gentium eine gelungene Serifenschrift.

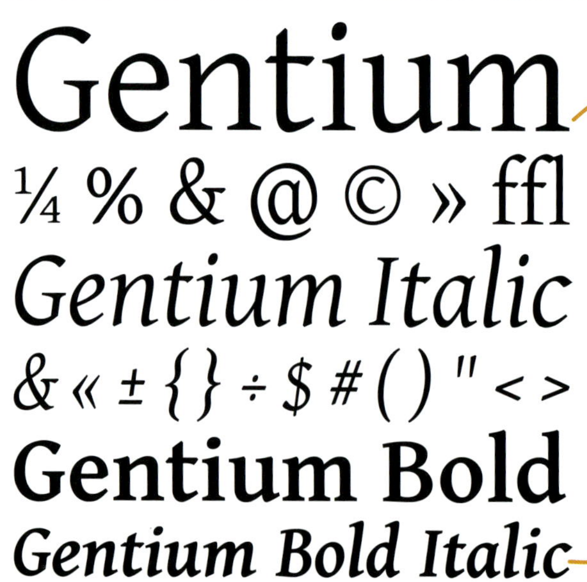

schräg angesetzte Serifen

wenig Unterschiede bei den Stärken der Striche

Vorsicht, auch kostenlose Schriften haben Lizenzrechte! Hier unterscheiden die Schriftdesigner sehr häufig, ob man als Gestalter die Schrift für private oder für kommerzielle Zwecke einsetzt. Der private Einsatz bleibt in der Regel kostenlos, der kommerzielle Einsatz hingegen wird vielfach entweder ganz untersagt oder ist mit einer Gebühr verbunden. Dahinter steckt der nachvollziehbare Gedanke, dass derjenige, der durch den Gebrauch einer Schrift Geld verdient, dem Schriftdesigner einen Anteil von seinem Verdienst abgeben soll. In jedem Fall sollten Sie sich an diese Lizenzvorgaben der Typografen halten – aus rechtlicher, aber auch aus moralischer Sicht.

Praxistipp: Bei einigen Schriften wird um eine Spende gebeten – hier bleibt es Ihnen überlassen, ob Sie dieser Bitte nachkommen. Wenn die Schrift Freude bereitet, sollte zumindest eine kleine Spende Ehrensache sein.

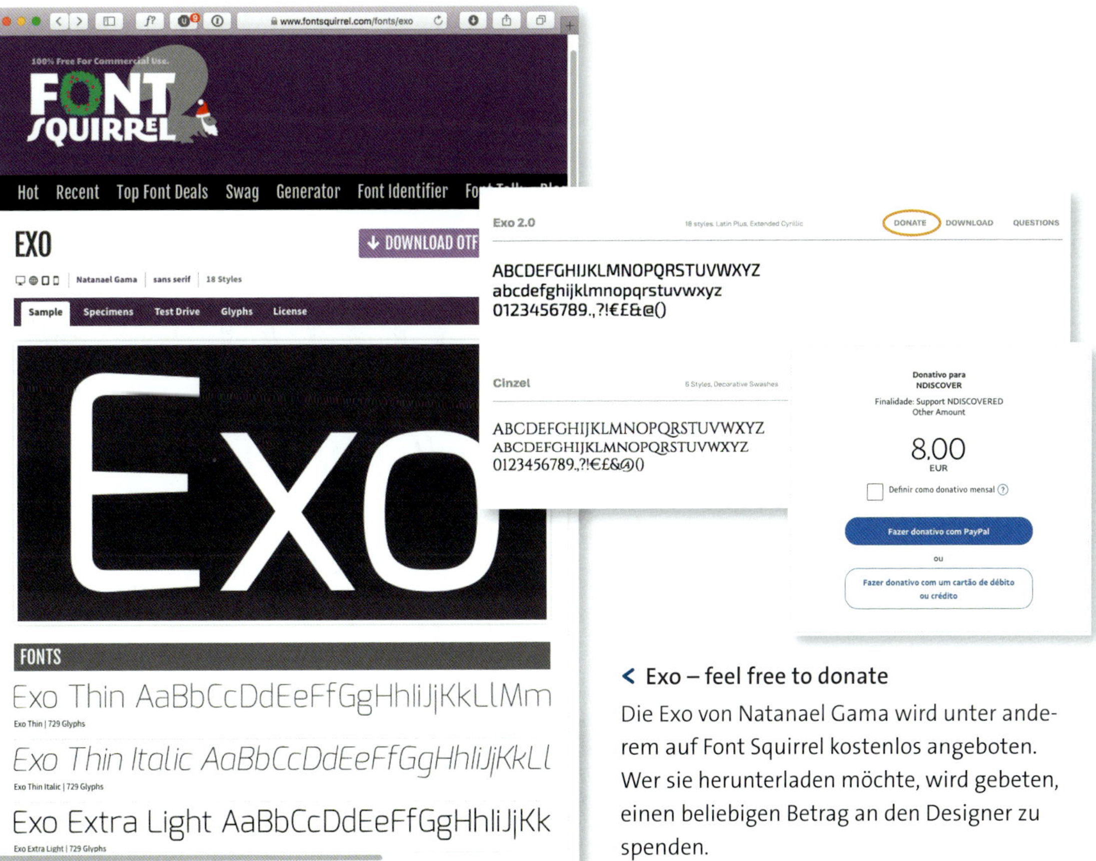

< Exo – feel free to donate

Die Exo von Natanael Gama wird unter anderem auf Font Squirrel kostenlos angeboten. Wer sie herunterladen möchte, wird gebeten, einen beliebigen Betrag an den Designer zu spenden.

Übrigens, nur weil eine Schrift kostenlos ist, dürfen Sie sie nicht einfach weitergeben. Denn beim Download der Schrift von der Website willigen Sie in die Lizenzbedingungen ein, und mit der Weitergabe an einen Dritten würde dieser den Download und die Einwilligung überspringen – und das ist nicht im Sinne des Schriftdesigners.

Auch das Verändern einer Schrift mit anschließender kostenpflichtiger Weitergabe ist in der Regel untersagt.

Kostenpflichtige Schriften

[Schriftschnitt]
Als Schriftschnitt bezeichnet man eine oder mehrere Varianten einer Schrift wie zum Beispiel eine kursive oder eine fette Variante.

Bekannte und namhafte Schriftportale wie Linotype oder Fontshop bieten in der Regel ihre Schriften kostenpflichtig an; Ausnahmen zu Werbezwecken gibt es immer wieder. Lizenzbedingungen sind individuell festgelegt, häufig sind die Schriften für den Einsatz auf zwei Rechnern freigegeben, aber auch Mehrfachlizenzen sind möglich. Entscheiden Sie also hier zunächst, für welche Zwecke Sie die Schrift benötigen.

Die Lizenzbedingungen laden Sie in der Regel automatisch gemeinsam mit der Schrift herunter. Alternativ können Sie sie auch vorab ein-

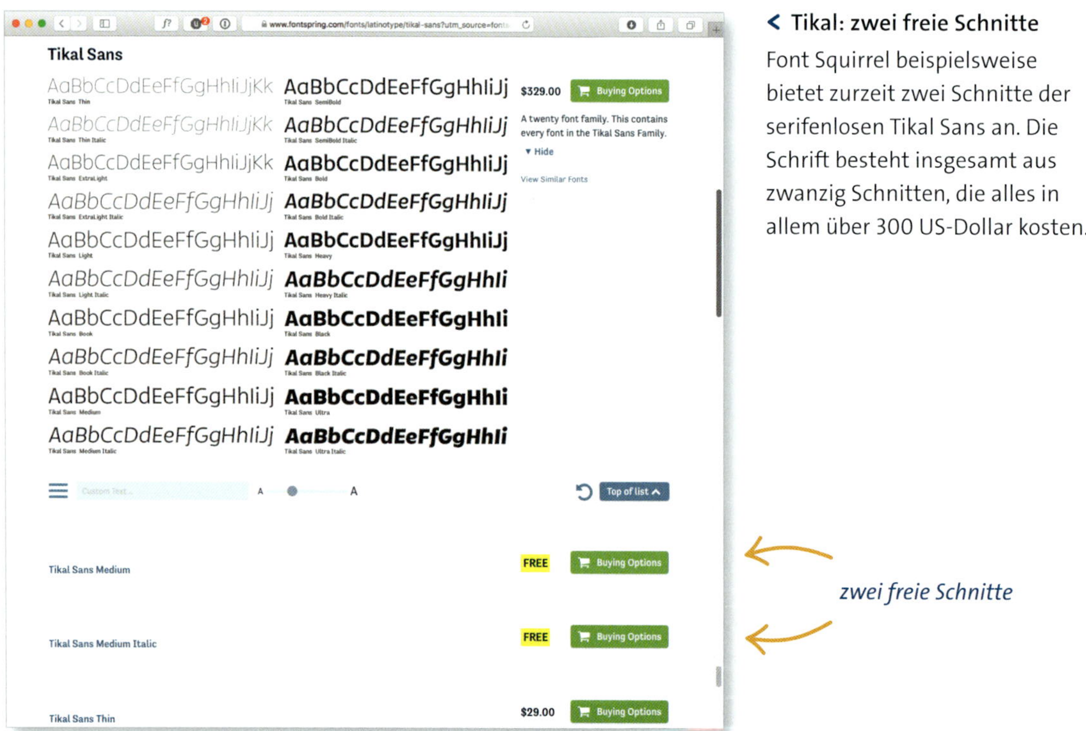

< Tikal: zwei freie Schnitte
Font Squirrel beispielsweise bietet zurzeit zwei Schnitte der serifenlosen Tikal Sans an. Die Schrift besteht insgesamt aus zwanzig Schnitten, die alles in allem über 300 US-Dollar kosten.

sehen; auf der Website von Linotype beispielsweise findet man einen eigenen Punkt »Schriftlizenzierung« auf der Startseite dazu, bei FontShop gibt es unter »Infos & Support« den Punkt »Font-Formate & Lizenzen« mit mehr Informationen.

Praxistipp: Bitte beachten Sie: Wer zum Beispiel eine Meta oder eine Zapf Chancery, also bekannte Schriften von identifizierbaren Schriftdesignern, an irgendwelchen Stellen kostenlos entdeckt, sollte keine Luftsprünge machen, sondern in jedem Fall vom Download absehen. Hier ist schnell klar, dass es sich bei diesen Schriften um illegale Raubkopien handelt, deren Weitergabe in jedem Fall zu boykottieren ist. Nicht zuletzt machen Sie sich durch den Einsatz einer solchen Schrift ebenfalls strafbar.

Schriftanbieter

Im Zeitalter des schnellen LAN und WLAN werden Schriften heutzutage nur noch in Ausnahmefällen auf CDs oder DVDs verkauft; üblich ist der direkte Download von der Website der jeweiligen Foundry.

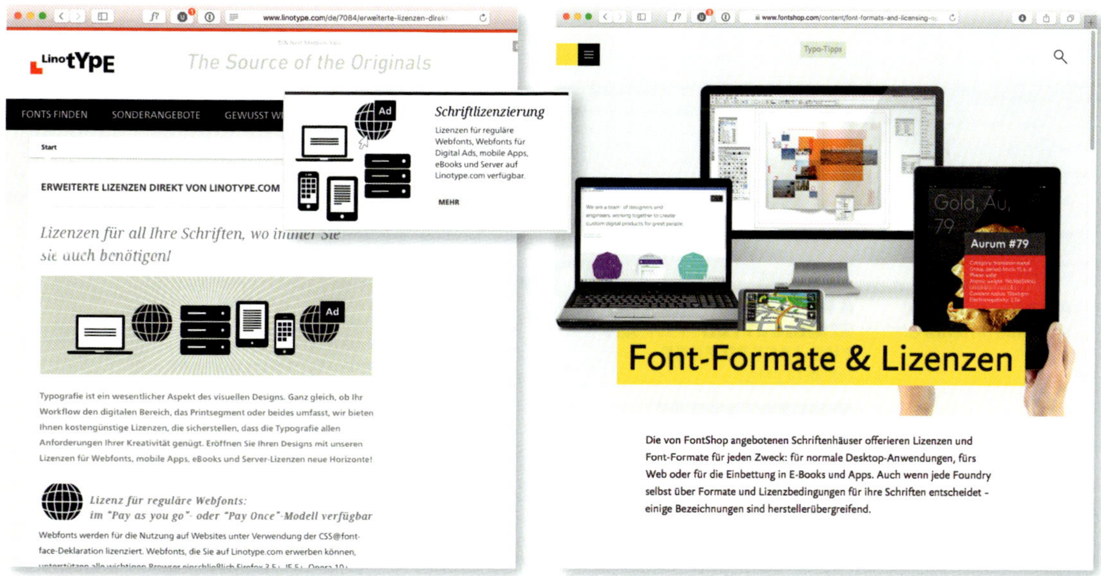

^ Unterschiedliche Lizenzmodelle

Bitte beachten Sie, dass jeder Schriftanbieter eigene Lizenzmodelle haben kann. Hier sollten Sie auf jeden Fall das Kleingedruckte lesen.

Anbieter kostenpflichtiger Schriften

Portale für kostenpflichtige und in der Regel auch sehr hochwertige Schriften sind beispielsweise Linotype, FontShop oder Elsner+Flake mit ihrem Shop »fonts4ever.com«. Nach dem Bezahlvorgang wird die entsprechende Schrift heruntergeladen. Bitte beachten Sie hier auch die maximale Rechneranzahl, die pro gekaufte Lizenz erlaubt ist.

Einige Schriftdesigner bieten auch über ihre eigene Seite den Kauf ihrer Schrift an, beispielsweise TypeMates, LucasFonts oder Hubert Jocham; auch hier sollten Sie unbedingt die Lizenzbedingungen studieren und vorab klären, was Sie mit der Schrift planen.

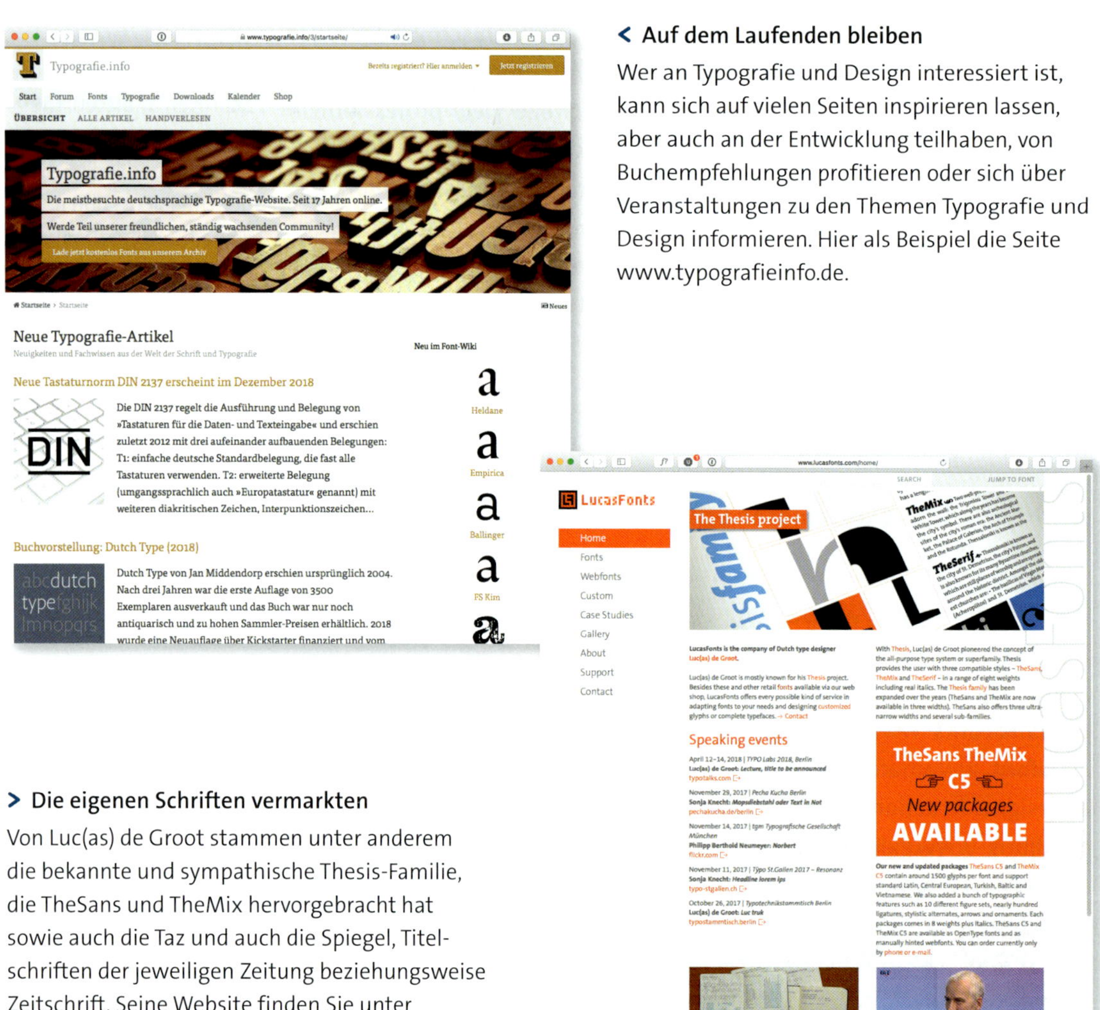

< Auf dem Laufenden bleiben
Wer an Typografie und Design interessiert ist, kann sich auf vielen Seiten inspirieren lassen, aber auch an der Entwicklung teilhaben, von Buchempfehlungen profitieren oder sich über Veranstaltungen zu den Themen Typografie und Design informieren. Hier als Beispiel die Seite www.typografieinfo.de.

> Die eigenen Schriften vermarkten
Von Luc(as) de Groot stammen unter anderem die bekannte und sympathische Thesis-Familie, die TheSans und TheMix hervorgebracht hat sowie auch die Taz und auch die Spiegel, Titelschriften der jeweiligen Zeitung beziehungsweise Zeitschrift. Seine Website finden Sie unter www.lucasfonts.com

Schriftportale mit kostenpflichtigen Schriften

- **Adobe** www.adobe.de
- **FontShop** www.fontshop.de

- **A2-type** www.a2-type.co.uk
- **Atlas** www.atlasfonts.com
- **Berthold** www.bertholdtypes.com
- **Blackletra** https://blackletra.com
- **Cape Arcona Type Foundry** www.cape-arcona.com
- **Chank Fonts** www.chank.com
- **Colophon** www.colophon-foundry.org
- **Dalton Maag** www.daltonmaag.com
- **DSType** www.dstype.com
- **Emigre Fonts** www.emigre.com
- **Emtype** http://emtype.net
- **Facetype** www.facetype.org
- **FDI Type Foundry** https://fdi-type.de
- **Fonthaus** www.fonthaus.com
- **Fonts Cafe** https://fontscafe.com
- **fonts4ever** www.fonts4ever.com
- **Frere Jones** https://frerejones.com
- **Harbortype** www.harbortype.com
- **Henning Skibbe** www.henningskibbe.com
- **Hoefler&Co.** www.typography.com
- **hoftype** www.hoftype.com
- **Hubert Jocham** www.hubertjocham.de
- **Hungarumlaut** http://hungarumlaut.com
- **HvD Fonts** www.hvdfonts.com
- **Just another foundry** https://justanotherfoundry.com
- **Latinotype** http://latinotype.com
- **LiebeFonts** http://liebefonts.com
- **MartinPlusFonts** http://martinplusfonts.com
- **Milieugrotesque** www.milieugrotesque.com
- **OkayType** http://okaytype.com
- **Playtype** https://playtype.com
- **P22** https://p22.com
- **Primetype** http://primetype.com

- **Linotype** www.linotype.de
- **LucasFonts** www.lucasfonts.com

- **Retype** www.re-type.com
- **Revolver Type Foundry** www.revolvertype.com
- **Stereotypes** www.stereotypes.de
- **Sudtipos** http://sudtipos.com
- **The Lazydogs Typefoundry** www.lazydogs.de
- **Tipo** http://tipo.net.ar
- **tipografies** www.tipografies.com
- **Typejockeys** www.typejockeys.com/de
- **TypeMates** www.typemates.com
- **typetogether** www.type-together.com
- **Typotheque** www.typotheque.com
- **Type Trust** https://typetrust.com
- **(URW)++** www.urwtype.com

Willkommensgeschenk
Auf den Seiten der kommerziellen Anbieter gibt es auch immer wieder kostenlose Schriften.

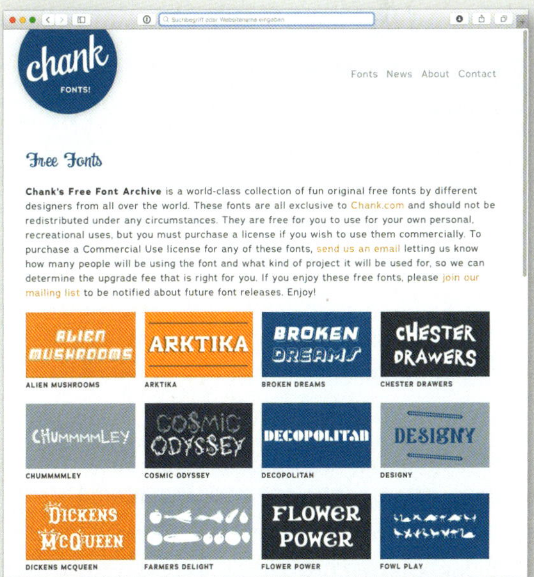

Buchstabenform

[Mittellänge (oder x-Höhe)]
Die Mittellänge ist die Höhe der Kleinbuchstaben wie »z«, »i« oder »x« und wird deswegen auch x-Höhe genannt.

Manche Schriften sind nur in kleinen Größen gut lesbar, andere hingegen nur in großen Größen. Dies liegt an der jeweiligen Laufweite, aber auch an der einzelnen Buchstabenform sowie an den Formen im Gesamtbild. So sind Schriften mit größeren Mittellängen besonders am Bildschirm leichter lesbar. Auch die Innenräume (Punzen) der Buchstaben, zum Beispiel bei einem »a« oder »e«, sind wichtig für die Lesbarkeit – sind sie eher klein, lässt sich die Schrift schwerer lesen (→ Seite 94). Zudem weisen manche Schriften einfach sehr ungewöhnliche Buchstabenformen auf, wie zum Beispiel die JB Elegant. Ganz vermeiden lässt sich dieser Aspekt der größenabhängigen Lesbarkeit einer Schrift nicht, aber er sollte uns in der Gestaltung auch nicht allzu sehr einschränken.

Schriften im Vergleich – die JB Elegant

Schriften im Vergleich – die Black Jack

Zu viele Schweife

Die JB Elegant lässt sich durch ihre etwas unmotiviert wirkenden Schweife schlecht lesen. Bei der Black Jack sind die Buchstabenabstände sauberer geschnitten und die Formen trotz verspielter Wirkung klarer und somit besser lesbar.

unmotivierte Schweife

Lesbarkeit

Die Größe der Mittellängen entscheidet nicht über die Qualität einer Schrift; allerdings lassen sich Schriften mit großen Mittellängen in kleinen Schriftgrößen leichter lesen.

Schriften im Vergleich – die Impact

Schriften im Vergleich – die Helvetica Condensed

Innenräume im Vergleich

Die Impact lässt sich nur schwer lesen, weil sie durch einen sehr fetten Strich enge Innenräume hat. Die Helvetica Condensed Black hat ein sehr ähnliches Erscheinungsbild wie die Impact, lässt sich aber aufgrund ihrer offenen weißen Bereiche deutlich besser lesen.

Impact

Helvetica

Die weißen Bereiche sind bei der Helvetica deutlich größer als bei der Impact.

Eine Website – drei Schriften

Wir suchen eine gut lesbare Schrift für eine Website. Im Beispiel haben wir uns für die Gentium als Basisschrift entschieden. Sie hat eine ausgeglichene Laufweite und ist sogar als Kursive auch in kleineren Größen gut lesbar.

Entscheidende Details

Links unten wird die Effloresce und rechts unten die Impact verwendet. Besonders in kleinen Größen spielen die sauber definierte Laufweite, aber auch die Größe der Mittellänge sowie die Strichstärke eine entscheidende Rolle dahingehend, ob eine Schrift gut lesbar ist. Diese beiden sind es nicht.

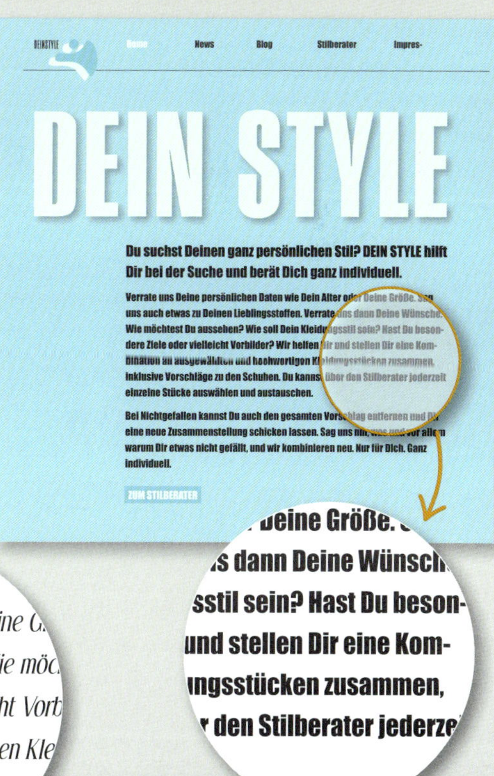

Zeichenumfang

Wie schade, wenn Sie eine persönliche Einladung gestalten, und statt des »ö« steht dort – nichts. Ein großer Teil der Schriften kommt aus den USA, und aus nachvollziehbaren Gründen sehen die Schriftdesigner dort keine Notwendigkeit, Buchstaben, die es im Amerikanischen nicht gibt, zu erstellen. Das sind die Umlaute wie das »ä«, das »ö« und das »ü« genauso wie »Ä«, »Ö« und »Ü«, aber auch das Sonderzeichen »ß« (und wie schön wäre es, wenn es auch ein charmantes großes Eszett in allen Schriften gäbe!). Verwendet man eine kostenlose Schrift aus dem amerikanischen Raum, fehlen häufig genau jene Zeichen. Wenn Sie diese Zeichen benötigen, fällt die Entscheidung für oder gegen eine Schrift demnach auch ganz pragmatisch.

Es gibt auch Schriften, die nur aus Kleinbuchstaben oder nur aus Großbuchstaben bestehen. Häufig sind das Stilschriften oder Schmuckschrif-

Seid ihr alle da?
Nicht alle Schriften bestehen die Prüfung auf Umlaute und Sonderzeichen.

Rochester	ä ü ö	#	@	€	&
MARKET DECO	✗	#	@	✗	&
TO BE CONTINUED	✗	✗	✗	✗	✗
Rabiohead	✗	#	@	✗	&
UpperEastSide	ä ü ö	✗	✗	✗	&
CANTER	Ä Ü Ö	✗	✗	€	&
Kingthings Christmas	✗	#	@	€	&

ten in ungewöhnlichen Formen. Bedenken Sie diesen beschränkten Zeichenumfang bei der Entscheidung für oder gegen eine Schrift – als Hingucker oder Headline sind solche Schriften zu gebrauchen, für längere Texte hingegen eher nicht.

Noch komfortabler und mehrere Schritte in die Richtung »richtig gute Schrift« sind Schriften mit zusätzlichen Zeichen wie *Mediäval-* oder *Tabellenziffern* oder echten *Kapitälchen*. Was genau das ist, müssen Sie jetzt noch nicht wissen, behalten Sie es einfach nur schon einmal im Hinterkopf (→ Seite 56).

Praxistipp: Übrigens fehlen bei einigen Schriften, häufig Schreib- oder Stilschriften, gerne auch das €-Zeichen, eckige Klammern oder die Raute. Also Augen auf im Sonderzeichenverkehr – am besten gleich zu Anfang, bevor sich Ihr Herz bereits für eine Schrift erwärmt hat.

Das fehlende »ö«
Im Gegensatz zur Schreibschrift Lovely Home verfügt die Schrift Heather weder über eine harmonische Gesamtwirkung noch über Umlaute wie das »ö«.

[Schriftfamilie]
Als Schriftfamilie bezeichnet man die Gruppe aller Schnitte einer Schrift.

Umfang der Familie

Grundsätzlich ist es hilfreich, wenn man von einer Schrift mehrere Schnitte besitzt, vielleicht sogar eine ganze Schriftfamilie. Dann ist man flexibel, was Auszeichnungen anbelangt, und kann trotz der Verwendung von lediglich einer Schrift unterschiedliche Prioritäten im Text setzen. Verfügt man hingegen nur über einen Schnitt, werden Einsatz und

Eine große Familie
Das Design dieser Speisekarte basiert in erster Linie auf dem Spiel mit Schrift. Dabei wird nur eine Schrift eingesetzt, diese jedoch in verschiedenen Schnitten und Größen. Als Hintergrund dient ein Bild, das sich aufgrund seiner Unschärfe genug zurücknimmt, um der Schrift den Vortritt zu lassen; zudem bleiben durch die Unschärfe Details unbetont, die das Lesen erschweren könnten.

genügend Kontrast zwischen Schrift und Hintergrund

Variationsmöglichkeiten in der Gestaltung eingeschränkt. Auszeichnungsschriften oder sogenannte Stilschriften liegen häufig nur in einem Schnitt vor, was natürlich auch naheliegend ist. Von gebrochenen Schriften gibt es meistens auch nur einen Schnitt, und Schreibschriften findet man maximal in einer normalen und einer fetteren Variante, denn folgerichtig erübrigt sich hier eine kursive Variante.

Open Sans mit 13 Schnitten

Bei der Speisekarte ist die Wahl auf die Open Sans gefallen, und zwar nicht zuletzt aufgrund ihrer 13 Schnitte, die zur Verfügung stehen. Auch wenn bei der Speisekarte mit nur acht Schnitten gearbeitet wurde und in keiner Gestaltung alle 13 Schnitte eingesetzt werden sollten, ist es komfortabel, zwischen mehreren, auch feinen Strichstärkenunterschieden wählen zu können.

Open Sans Regular

Open Sans Italic

Open Sans Light

Open Sans Light Italic

Open Sans Bold

Open Sans Extrabold

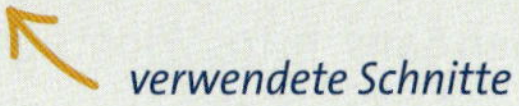

verwendete Schnitte

Aufgrund der Schriftgröße und der Präsenz sowie der Tatsache, dass es sich um einen reinen Großbuchstabensatz handelt, sollten in der Überschrift die Buchstabenabstände im Satzprogramm individuell nachgearbeitet werden.

Ohne Strenge

Die Strichstärken der Schrift sind hier nicht an die Strichstärken der Linien angepasst. Zum einen hätte dies die Gestaltung beziehungsweise die Schriftwahl zu sehr eingeschränkt, zum zweiten entsteht auf diese Art und Weise mehr Bewegung und ein aktives Gesamtbild. Die Strichstärken der Grafiken sowie der horizontalen Linien hingegen sind alle identisch.

Kostenlose, qualitativ gute Serifenschriften

- **Alegreya** https://fonts.google.com
- **Brill** https://brill.com/page/BrillFont
- **Butler** http://fabiandesmet.com
- **Cormorant** https://fonts.google.com
- **Gentium** https://fonts.google.com
- **Junicode** http://junicode.sourceforge.net
- **Jura** http://tenbytwenty.com
- **Linux Libertine** https://sourceforge.net
- **Oranienbaum** www.dafont.com
- **Permian Serif** www.fontsquirrel.com
- **Prociono** www.theleagueofmoveabletype.com
- **PT Serif** https://fonts.google.com
- **Source Serif Pro** https://fonts.google.com
- **Spectral** https://fonts.google.com
- **TeX Gyre Schola** www.gust.org.pl
- **Vollkorn** https://fonts.google.com

Kostenpflichtige, empfehlenswerte Serifenschriften

- **Bembo** www.linotype.com
- **Bodoni** www.linotype.com
- **Caslon** www.linotype.com
- **Civita** www.fontshop.com
- **Didot** www.myfonts.com
- **Elena** https://processtypefoundry.com
- **Karmina** www.type-together.com
- **FF Milo** www.fontshop.com
- **Novel** www.fontshop.com
- **Plantin** www.myfonts.com
- **FF Scala** www.fontshop.com
- **Sirba** www.myfonts.com
- **Linotype Syntax Serif** www.linotype.com
- **Typoart Walbaum** www.fonts4ever.com

Alegreya *10 Schnitte*

Regular | *Italic* | Medium | **Bold** | **Extra Bold** | **Black …**

Brill *4 Schnitte*

Roman | *Italic* | **Bold** | ***Bold Italic***

Butler *7 Schnitte*

Regular | Ultralight | Light | Medium | **Bold** | **ExtraBold** | **Black**

Cormorant *10 Schnitte*

Regular | *Italic* | Light | Medium | Semi-Bold | **Bold …**

Gentium *4 Schnitte*

Regular | *Italic* | **Bold** | ***Bold Italic***

Junicode *4 Schnitte*
Regular | *Italic* | **Bold** | ***Bold Italic***

Jura *4 Schnitte*
Regular | *Italic* | **Bold** | ***Bold Italic***

Linux Libertine *6 Schnitte*
Regular | *Italic* | **Semibold** | ***Semibold Italic*** | **Bold** | ***Bold Italic***

Oranienbaum *1 Schnitt*
Regular

PermianSerif *3 Schnitte*
Regular | *Italic* | **Bold**

Prociono *1 Schnitt*
Regular

PT Serif *4 Schnitte*
Regular | *Italic* | **Bold** | ***Bold Italic***

Source Serif Pro *3 Schnitte*
Regular | **Semibold** | **Bold**

Spectral *14 Schnitte*
Regular | *Italic* | Light | Medium | **Semibold** | **Bold** | **Extra Bold** …

TeX Gyre Schola *4 Schnitte*
Regular | *Italic* | **Bold** | ***Bold Italic***

Vollkorn *8 Schnitte*
Regular | *Italic* | **SemiBold** | **Bold** | **Black** …

Kostenlose, qualitativ gute Schreib- und Schmuckschriften

- **Alex Brush** www.1001fonts.com
- **Black Jack** www.dafont.com
- **Bold Stylish Calligraphy** www.1001fonts.com
- **Euphoria Script** https://fonts.google.com
- **FFF Tusj** www.fontsquirrel.com
- **Fredericka the Great** https://fonts.google.com
- **Great Vibes** www.fontsquirrel.com
- **Handlee** www.fontsquirrel.com
- **LaurenScript** www.dafont.com
- **Learning Curve Pro** www.dafont.com
- **Megrim** https://fonts.google.com
- **Paint the Sky** www.fontsquirrel.com
- **Rochester** https://fonts.google.com
- **Ruthie** http://www.1001fonts.com
- **Sacramento** https://fonts.google.com
- **KG Skinny Latte** www.dafont.com
- **Wasted** www.dafont.com
- **Yellowtail** https://fonts.google.com

Alex Brush
Black Jack
Bold Stylish Calligraphy
Euphoria Script
FFF Tusj
Fredericka the Great
Great Vibes
Handlee
LaurenScript
Learning Curve Pro
MEGRIM
PAINT THE SKY
Rochester
Ruthie
Sacramento
KG SKINNY LATTE
Wasted
Yellowtail

Kostenlose gebrochene Schriften

- **Alte Schwabacher** www.1001freefonts.com
- **Broken Planewing** www.1001fonts.com
- **Fette Unz Fraktur** www.dafont.com
- **Kleist-Fraktur** www.1001fonts.com
- **Moderne Fraktur** www.1001fonts.com
- **UnifrakturCook** https://fonts.google.com
- **UnifrakturMaguntia** https://fonts.google.com
- **Walbaum Fraktur** www.1001freefonts.com

Kostenlose Stilschriften

- **Arnold Böcklin** www.1001fonts.com
- **Bone** www.dafont.com
- **Circus** www.1001fonts.com
- **Durango Western Eroded.** www.1001fonts.com
- **Capitalis Rustica** www.obib.de
- **KG A Little Swag** www.dafont.com
- **Merry Christmas Flake** www.dafont.com
- **Rosewood Std** www.dafont.com
- **Sütterlin** www.myfont.de

Alte Schwabacher

Broken Planewing

Fette UNZ Fraktur

Kleist-Fraktur

Moderne Fraktur

UnifrakturCook

UnifrakturMaguntia

Walbaum Fraktur

Die hier vorgestellten Schreib- und Handschriften bestehen nur aus einem Schnitt; nur wenige Ausnahmen weisen zwei oder gar mehr Schnitte auf.

Arnold Böcklin

BONE

CIRCUS

DURANGO WESTERN ERODED

CAPITALIS RUSTICA

KG A LITTLE SWAG

Merry Christmas Flake

ROSEWOOD STD

Sütterlin

Gewollte Unterschiede
Bei den hier vorgestellten Alternativen handelt es sich bewusst nicht um möglichst originalgetreue Varianten, sondern um Fonts mit ähnlichem Schriftbild.

Und dann gibt es noch den absolut verständlichen und nachvollziehbaren Grund, einfach mal »was anderes« nehmen zu wollen. Abwechslung ist – solange die Auswahl vorhanden ist – immer eine gute Idee, und die Schriftenwelt hält viele schöne Exemplare bereit. Scheuen Sie sich also nicht, die Helvetica, die Verdana, die Arial und die Times als Schriften, die man einfach schon zu oft gesehen hat, links liegen zu lassen, und greifen Sie zu einer Alternative. Bei diesem Vorhaben können Sie sich zum Beispiel von identifont helfen lassen. Neben der Identifizierung anhand von Bildern können Sie hier auch »Fonts by Similarity« finden.

Alternativen zur Times

Kostenlos:

- **Droid Serif** https://fonts.google.com
- **Gentium** www.dafont.com
- **Lido** www.urbanfonts.com
- **Linux Libertine** www.dafont.com
- **Lora** https://fonts.google.com
- **PT Serif** https://fonts.google.com

Kostenpflichtig:

- **Amiri** https://fonts.google.com
- **Baskerville** www.myfonts.com
- **Minion Pro** www.myfonts.com
- **Mrs Eaves** www.myfonts.com

Alternativen zur Verdana

Kostenlos:

- **Andale Mono** https://fonts.google.com
- **Bitstream Vera Sans** www.fontsquirrel.com
- **Fira Mono** https://fonts.google.com
- **Hack** http://sourcefoundry.org/hack
- **Inconsolata** https://fonts.google.com
- **Input Sans** http://input.fontbureau.com
- **Roboto Mono** https://fonts.google.com

Kostenpflichtig:

- **Alright Sans** https://okaytype.com
- **Colfax** https://processtypefoundry.com
- **Tahoma** www.myfonts.com

Mal was anderes
Statt der Times eine Droid Serif, statt der Helvetica die Droid Sans

Alternativen zu Helvetica und Arial

Kostenlos:

- **Cabin** https://fonts.google.com
- **Cooper Hewitt** www.fontsquirrel.com
- **Droid Sans** https://fonts.google.com
- **Nimbus Sans** www.fontsquirrel.com
- **PT Sans** https://fonts.google.com
- **Source Sans Pro** https://fonts.google.com

Kostenpflichtig:

- **FF Bau** www.fontshop.com
- **FF Dagny** https://typekit.com
- **Heldustry** www.myfonts.com
- **Maxima** www.myfonts.com
- **Myriad Pro** www.myfonts.com
- **FF Schulbuch** www.myfonts.com
- **FF Scuba** www.myfonts.com
- **FS Truman** www.fontsmith.com
- **Univers** www.myfonts.com

Cabin

Cooper Hewitt

Droid Sans

Nimbus Sans

PT Sans

Source Sans Pro

Myriad Pro

Univers

Helvetica oder Arial?

Die Schriften lassen sich vor allem am »a«, am »t« und am Bogen der Endungen wie beim »s« auseinanderhalten.

Helvetica

abcdefghijklmn
opqrstuvwxyz
ABCDEFGHIJ
KLMNOPQRS
TUVWXYZ

Arial

abcdefghijklmn
opqrstuvwxyz
ABCDEFGHIJ
KLMNOPQR
STUVWXYZ

Das Glyphen-Bedienfeld
Varianten eines Zeichens

Auch mehrere Formen eines Buchstabens können in einem OpenType-Font enthalten sein. Dies ist besonders bei Schreibschriften häufiger zu finden. Beginnt der Text beispielsweise mit dem Buchstaben »k« und es folgt ein »y«, kann der Anwender entweder manuell aus verschiedenen »k« die gewünschte Variante aussuchen, oder – bei einer dynamischen Zeichenersetzung – die Software wechselt von allein die Form des »k«, und zwar abhängig von dem folgenden Buchstaben.

Zapfino Plus als dynamische Schrift

Während der Eingabe der Zeichen aus der Zapfino Plus von Hermann Zapf verändern sich die einzelnen Buchstabenformen dynamisch, und zwar in Abhängigkeit vom Kontext, also von den restlichen Zeichen. Zudem kann der Anwender innerhalb eines Wortes die Zeichen aus vier Alphabeten mischen; dabei bleiben die durchgehenden Verbindungen zwischen den Zeichen erhalten.

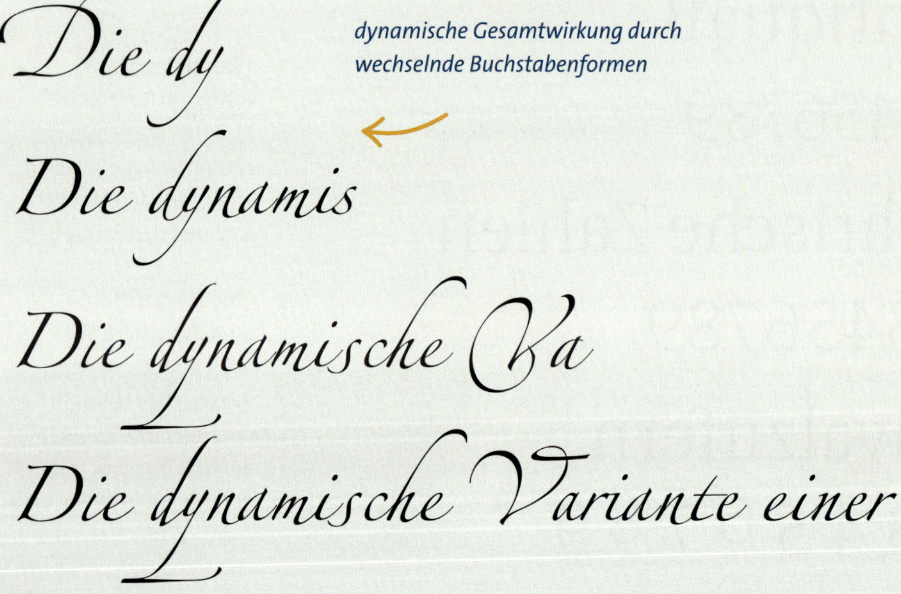

dynamische Gesamtwirkung durch wechselnde Buchstabenformen

Üblicherweise gibt es verschiedene Varianten von OpenType-Schriften: die OpenType-Schrift als Standardvariante (OpenType Std), die erweiterte Fassung (OpenType Pro) und zwar je nach Schriftart und Hersteller auch eine internationale Variante (OpenType Com).

Schriftwirkung beachten

Wie schon mehrmals betont, ist die Schrift ein entscheidender Faktor bei der Gestaltung eines Druck- oder Online-Mediums und trägt enorm zur Gesamtwirkung eines jeden Produkts bei. Einmal abgesehen von Ihren Kosten, von den Bezugsmöglichkeiten, vom Kleingedruckten und von der Hoffnung auf Qualität und Umlaute: Die Stimmung, die eine Schrift vermittelt, der Charme, den sie versprüht oder auch nicht, die Assoziationen, die sie beim Betrachter hervorruft, und die Wirkung, die sie auf jeden Betrachter hat, das sind die Stellschrauben, mit denen wir ein Produkt aufwerten und seine Aussage und Wirkung unterstreichen können.

Gleichzeitig können wir – bei unsachgemäßem Einsatz der Schrift – damit aber auch genau das Gegenteil erreichen. Denn das beste Produkt wird nicht gekauft, wenn die Präsentation und die Darbietung miserabel und die Verkäufer miesepetrig sind. Die Schrift, für die Sie sich entschei-

< Wer ist am lautesten?
Ja, auch die Gewohnheit spielt eine Rolle. Aber auch abgesehen davon – richtig laut kann hier nur die fette Serifenlose.

den, muss also nicht nur qualitativ gut sein, sondern auch zum Thema, zum Produkt beziehungsweise zu Ihnen passen und das ausstrahlen, was Sie mit der Gestaltung vermitteln und was Sie damit erreichen wollen. Sie muss Ihre Aussage unterstreichen und die Wirkung erzielen, die Sie sich wünschen (mehr zum spannenden Thema der Schriftwirkung finden Sie auf → Seite 68 f).

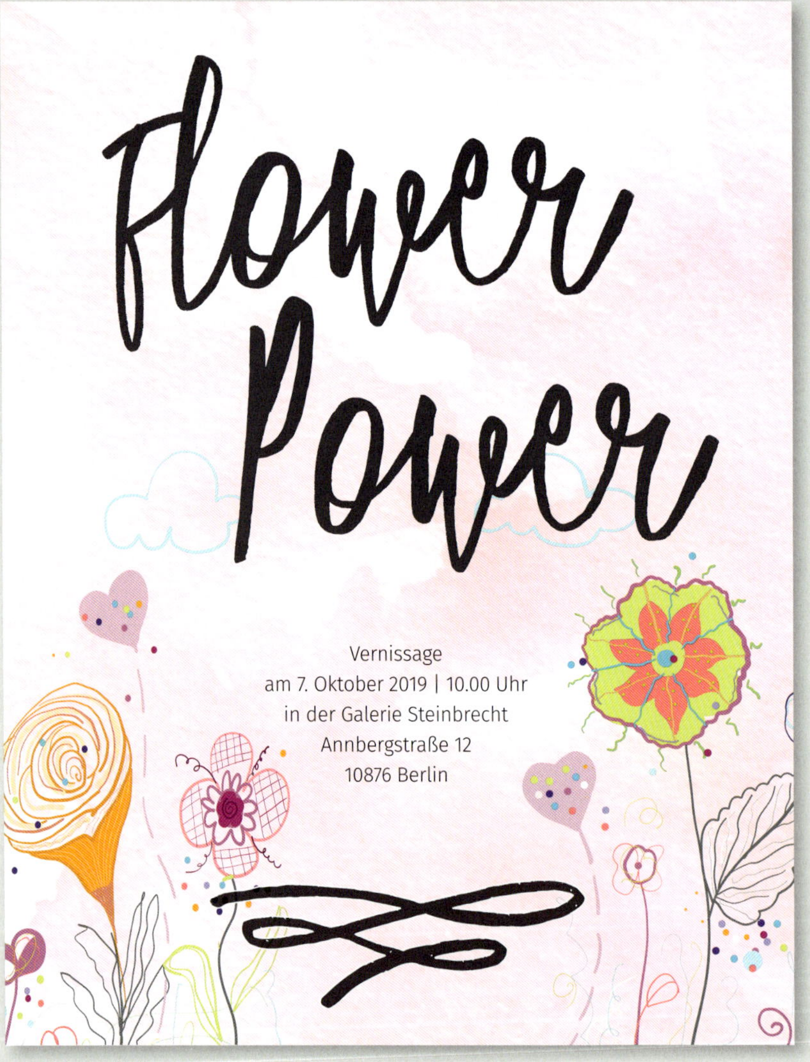

Flower Power

Vernissage
am 7. Oktober 2019 | 10.00 Uhr
in der Galerie Steinbrecht
Annbergstraße 12
10876 Berlin

Analyse

Ein Plakat für eine Vernissage; die wenigen Informationen werden mit viel Freiraum gestaltet, der Blickfang ist die Schrift mit dem Titel der Vernissage: »Flower Power«.

Bei der Schrift für den Titel handelt es sich um die Feminim Script, eine sehr individuelle Handschrift, die auch in großer Größe gut lesbar ist.

Die Informationen zur Vernissage in der Mitte der Seite sind in der serifenlosen, leichten Fira gesetzt. Sie wirkt modern und zurückhaltend.

Schriftwirkung im Vergleich

Im Vergleich dazu eine Variante des Plakats, bei der für die Headline eine andere Schrift verwendet wurde, nämlich die Haettenschweiler. Beide Schriften haben ihre Daseinsberechtigung; zum Thema passt aufgrund ihrer Wirkung aber nur die Feminim Script – sie wirkt lebhaft, individuell, kreativ und organisch. Hingegen wirkt die Haettenschweiler laut, starr und in der Größe durchaus etwas plump – keine Attribute, die man mit dem Begriff Flower Power in Verbindung bringen würde.

Curlz MT

Für den kurzen Infotext zum Veranstaltungsort wurde hier die Schrift Curlz MT verwendet. Sie hinterlässt einen sehr verspielten und kindlichen Eindruck und eignet sich weder für das Thema noch als Kombinationsschrift zur Haettenschweiler. Zudem ist sie schlecht lesbar.

Feminim Script: aktiv, organisch, lebendig

Flower

Haettenschweiler: stark, starr, hart, kantig

Vernissage

Fira Sans Light: offen, leicht, gut lesbar, neutral

Vernissage

Curlz MT: verspielt, kindlich und zudem schlecht lesbar

Standardschriften vermeiden

Von der Menge der Schriften, die verfügbar sind, fühlt man sich schnell überfordert. Um gar nicht erst Gefühle der Hilflosigkeit bei der Schriftwahl aufkommen zu lassen, greifen viele zur Arial, zur Helvetica, zur Times New Roman oder zur Comic Sans. Das ist verständlich, aber schade und vor allem unnötig (und im letzten Fall sehr unschön). Alternative Schriften wurden Ihnen ab → Seite 54 verraten.

Die Comic Sans

Auch wenn ich mich nicht in die Comic-Sans-Bashing-Riege einreihen möchte: Die Comic Sans wurde entwickelt, um Sprechblasen in Comics zu beschriften, und meines Erachtens sollte sie auch für nichts anderes verwendet werden.

Ihre persönliche schwarze Liste

Neben objektiven Gründen gibt es oft auch persönliche Gründe, warum der eine Gestalter zu dieser und der andere Gestalter zu jener Schrift greift. Auch ich habe eine Liste von Schriften, die ich zu vermeiden versuche.

Das Ganze noch mal bitte!

Eine Anzeige mit, sagen wir, gestalterischen Schwächen. Die Raumaufteilung ist nicht gelungen, genauso wenig wie die Farbwahl, und die Kombination von drei Schriften ist sehr unvorteilhaft; zudem sind die Laufweiten stellenweise katastrophal. Worum es aber eigentlich geht, ist die Schriftwirkung – Schreibschriften für eine Landmetzgerei empfinden doch viele als unpassend.

Die Comic Sans rollt und rollt

Okay, ich habe versprochen, kein Comic-Sans-Bashing zu betreiben. An dieser Stelle möchte ich einfach nur zeigen, wie man es nicht machen sollte.

So ist mir beispielsweise die Arial zu gewöhnlich, die Benguiat zu altmodisch, und die Brush Script empfinde ich als zu schlecht lesbar und abgegriffen. Die Hobo ist in meinen Augen uncharmant, die Curlz MT und die Nero D'Avola sind eine Zumutung bezüglich ihrer Lesbarkeit, und die Wide Latin ist mir zu aufdringlich. Die Effloresce und die JB Elegant sind einfach qualitativ sehr schlecht, und die Factory LJDS empfinde ich als unharmonisch.

Wagen Sie den Schritt weg von den Standardschriften, besonders dann, wenn diese qualitativ nicht überzeugen.

Vertrauen Sie auf Ihr Gespür und Ihre Erfahrung; eine persönliche Abneigung gegen bestimmte Schriften hat sicherlich einen guten Grund. Legen Sie in ruhigen Gestaltungszeiten eine Liste mit den Schriften an, die Sie auf keinen Fall verwenden möchten. Auf diese Art kommen Sie auch unter Zeitdruck nicht in die Verlegenheit, auf eine dieser »Schönheiten« zurückzugreifen.

Meine Negativ-Top-21
Meine Liste der Schriften, von deren Einsatz ich – aus verschiedenen Gründen – abrate.

Arial	Curlz MT	Lucida Calligraphy
Benguiat	Effloresce	JB Elegant
Brush Script MT	Factory LJDS	Mistral
Chalkduster	Rochester	Nero D'Avola
Comic Sans	Hobo	Tartlers End
Courier	Impact	Souvenir
Cooper Black Std	Indie Flower	Wide Latin

Kapitel 3

Schriftwahl und Schriftmischung

Entscheidungen und Kombinationen

Schriftwahl und Schriftmischung

Entscheidungen und Kombinationen

Die Wahl der richtigen Schrift sollte nicht zur Qual werden, sondern Freude bereiten. Mit dem Schubladensystem für die Kategorisierung der Schriften können Sie sich bei der Entscheidung selbst unter die Arme greifen.

Die Schriftprofis vom alten Schlag, aber auch moderne Schriftliebhaber und die, die sich für Typografie begeistern, unterteilen Schriften in Schriftklassen. Diese klassische Einteilung hat sich über Jahre entwickelt und gilt nach wie vor als Standard, auch wenn sich durch neue Kreationen in der Schriftgestaltung immer wieder Kritik auftut. Da gibt es die barocken und die klassizistischen Schriften, die Egyptienne oder die Grotesk. In den letzten Jahren gab es aber auch neuere Ansätze moderner Typografen, eine zeitgemäße Klassifikation zu kreieren. Diese neuere Einteilung basiert weniger auf der historischen Entwicklung als vielmehr auf den Attributen des Buchstabens selbst. Wir tun das an dieser Stelle auch, aber anders.

Die Schriftwahl: Wir arbeiten mit Schubladen

Für unsere Einteilung müssen wir nicht tief in die Geheimnisse der Schriftklassifikation einsteigen. Wir denken in Schubladen – auch wenn diese Denkweise oft und zurecht verpönt ist, ist sie in diesem Fall sinnvoll. Aber warum ist es überhaupt nützlich, Schriften einzuteilen?

Das Unterteilen dient weniger der Befriedigung eines Ordnungsbedürfnisses als vielmehr der Vereinfachung der Zuweisung von Eigenschaften und Wirkungen. Daher hilft es uns bei der Schriftwahl sowie beim Mischen mehrerer Schriften. So, und da wir jetzt die Gründe für das Sortieren kennen, macht es gleich noch viel mehr Spaß!

Sechs Schubladen – eine überschaubare Ordnung

Bitte beachten Sie: Die Gefahr des Verallgemeinerns kennt jeder – die Individualität geht verloren, Feinheiten werden übersehen, verborgene Schönheiten ignoriert. Trotzdem müssen wir an dieser, nämlich der ersten, Stelle verallgemeinern, denn ohne ein wenig Verallgemeinerung und eine Prise Vorurteile können wir keine allgemeinen Regeln aufstellen. Und genau darum geht es bei der Schubladeneinteilung: für die Arbeit mit Schriften ein paar allgemeingültige Regeln an die Hand zu bekommen.

Wir werden Schriften also in sechs Gruppen einteilen, die ich »Schubladen« nennen möchte. Die Namen der Schubladen lauten Serifenschriften, Serifenlose, Schreibschriften, gebrochene Schriften, Schmuckschriften und Stilschriften.

Die sechs Schriftschubladen

1. die Schublade der Serifenschriften
2. die Schublade der Serifenlosen
3. die Schublade der Schreibschriften
4. die Schublade der gebrochenen Schriften
5. die Schublade der Schmuckschriften
6. die Schublade der Stilschriften

Die dritte Schublade: Schreibschriften

Schreibschriften wirken individuell und lebendig.

[**Versalien**]
Großbuchstaben

[**Versalsatz**]
Text, der nur aus Großbuchstaben besteht

Die dritte Schriftschublade beinhaltet Schreibschriften. Hier sammeln sich alle Schriften, die an eine Handschrift oder an eine Schreibschrift erinnern, mit dem Filzstift geschrieben, mit der Zeichenfeder oder mit einem Pinsel. Schreibschriften wirken individuell und kreativ. Je nach Ausführung können sie einen sehr persönlichen Charakter aufweisen, haben eine originelle Ausstrahlung oder vermitteln eine subjektive Sicht.

Das Kombinieren mehrerer Schreibschriften ist ein Tabu. Schreibschriften sollten außerdem grundsätzlich nicht als reine Großbuchstaben (Versalien) verwendet werden.

Schreib- und Handschriften

Achten Sie besonders bei diesen Schriften auf gute Qualität. Ein paar akzeptable Schriften sehen Sie hier als Beispiel.

Alex Brush

Caramel Crunch

Cookie

Lauren Script

Ruthie

Snell Roundhand

BLACK JACK

bitte keine Schreibschrift in Großbuchstaben

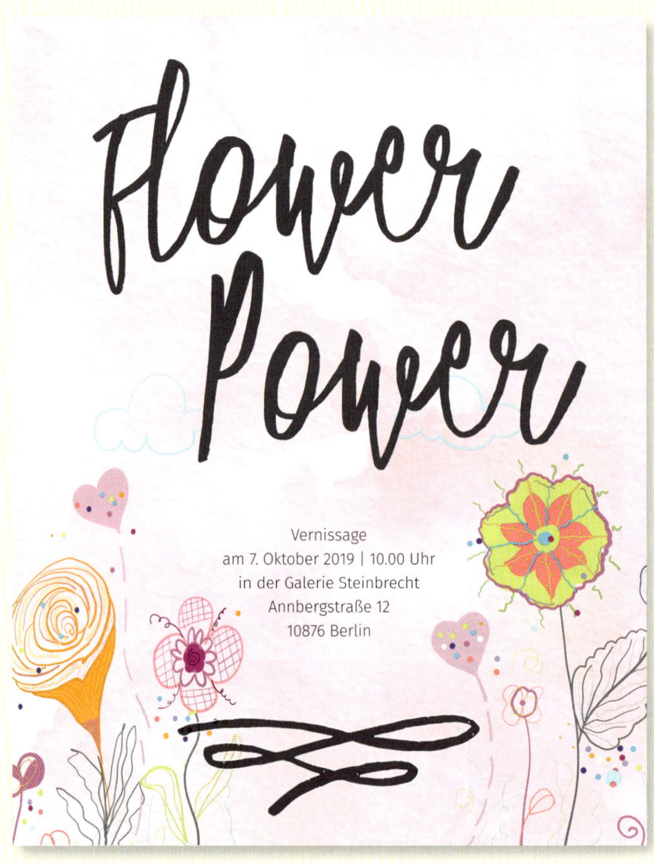

^ Schreibschrift Feminim Script

Das Plakat zur Vernissage zeigt die Feminim Script für die Headline; die weiteren Informationen sind in der Fira Sans gesetzt.

Die vierte Schublade: gebrochene Schriften

Die gebrochenen Schriften erkennt man daran, dass ihre Rundungen wie beim »o« oder »b« an einer oder mehreren Stellen gebrochen sind. Sie wirken traditionell, typisch deutsch, altertümlich und manchmal etwas martialisch.

Gebrochene Schriften wirken traditionell und bürgerlich.

Die gebrochenen Schriften sollten nie als reine Großbuchstabenschrift eingesetzt werden. Auch das Kombinieren mehrerer gebrochener Schriften in einer Gestaltung sollten Sie in jedem Fall vermeiden, genauso wie das Kombinieren von gebrochenen Schriften mit Schreib- oder Schmuckschriften.

∧ Gebrochene Schrift Lucida Blackletter
Ein Filmplakat mit der gebrochenen Schrift Lucida Blackletter. Dazu kombiniert wurde die serifenlose Alegreya Sans.

Gebrochene Schriften
Die Einsatzmöglichkeiten der gebrochenen Schriften sind aufgrund ihrer intensiven Wirkung und ihrer häufig schlechten Lesbarkeit recht begrenzt.

Duc De Berry

Fette Fraktur

KoenigsbergerGotisch

Linotext

Lucida Blackletter

WilhelmKlingsporGotisch

bitte keine gebrochene Schrift in Großbuchstaben (auch nicht auf Heckscheiben von Opel oder Golf GTI); hier die Schwabacher

Die fünfte Schublade: Schmuckschriften

Schmuckschriften dienen als Eyecatcher und lockern auf.

Schmuckschriften sind, wie der Name unschwer vermuten lässt, als schmückendes Element gedacht. Ihr Fokus liegt auf ihrer Ausstrahlung, ihrem schmückenden Wesen und ihrer auflockernden Wirkung. Die Lesbarkeit rückt hier in den Hintergrund, was verschmerzbar ist, da die Schriften abhängig von ihrer Ausprägung manchmal auch nur für ein beziehungsweise wenige Wörter verwendet werden.

[Serifenbetonte Schrift] Die Schriften zeichnen sich durch betonte, waagerecht angesetzte Serifen und eine einheitliche Strichstärke aus.

[Slab] Das englische »Slab« bedeutet auf Deutsch »Platte« und bezeichnet eine serifenbetonte Schrift.

Auch die serifenbetonten Schriften wie die Egyptienne oder die Rockwell lege ich in diese Schublade, da sie wenig mit den üblichen Serifenschriften gemein haben und sich eher durch einen Ziercharakter auszeichnen. Aber natürlich gibt es Überschneidungen, denn einige der Schmuckschriften könnte man auch zu den Schreibschriften legen.

Das Kombinieren von mehreren Schmuckschriften in einem Dokument ist nicht empfehlenswert.

Schmuckschriften
Arbeiten Sie mit dem schmückenden Charakter dieser Schriften, und vermeiden Sie Konkurrenz.

Atma
GRIDGET
BeautySchoolDropout
Austral Slab
Feminim Script
scrubble
Carter One
tabun

Im Flyer wurde als schmückende Schrift die Tiza verwendet, der Grundtext läuft in der serifenlosen TheSansOsF.

Die sechste Schublade: Stilschriften

Die Stilschriften repräsentieren einen ganz bestimmten Gestaltungsstil, eine Epoche oder eine Szene. Hier ist das Rätseln nach der Wirkung und der Aussage obsolet. Diese Schriften transportieren weniger den Text, sondern sie sind Selbstdarsteller in ihrer reinsten Form, der Inhalt wird in den Hintergrund gedrängt. »Was da geschrieben stand? Keine Ahnung, aber es hat mich an John Wayne und einen Saloon erinnert.«

Die Wirkung einer Stilschrift ist intensiv, aber auch einengend und lässt wenig Raum für Abweichungen.

Das Kombinieren von mehreren Stilschriften ist nicht empfehlenswert. Die Stilschriften überschneiden sich zum Teil mit den Schmuckschriften und sollten auch nicht miteinander gemischt werden.

Stilschriften

Bei diesen Schriften ist der Einsatzbereich bereits vorgegeben – die Jugendstilschrift Arnold Böcklin, die Sütterlin oder die mittelalterliche Herculanum lassen bei der Interpretation wenig Spielraum, vermitteln dafür aber eine klare Aussage.

Arnold Böcklin

Bauhaus

DRIFTTYPE

DURANGO WESTERN ERODED

HERCULANUM

MKAPITALIS RUSTICA

Sütterlin

Veteran Typewriter

Die Westernschrift Durango Western Eroded wurde hier mit der Alegreya Sans als ergänzende Serifenlose kombiniert.

Welche Assoziationen wollen Sie beim Betrachter hervorrufen?

traditionell	stabil	elegant
solide	objektiv	liebevoll
seriös	sauber	kreativ
komfortabel	modern	verziert
zuverlässig	klar	
Serifenschriften	*Serifenlose*	*Schreibschriften*

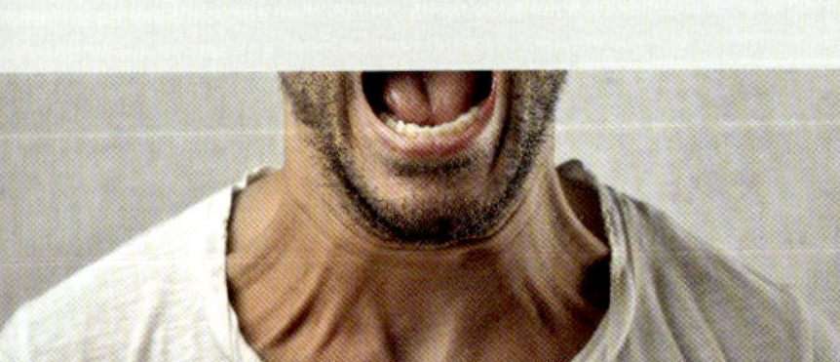

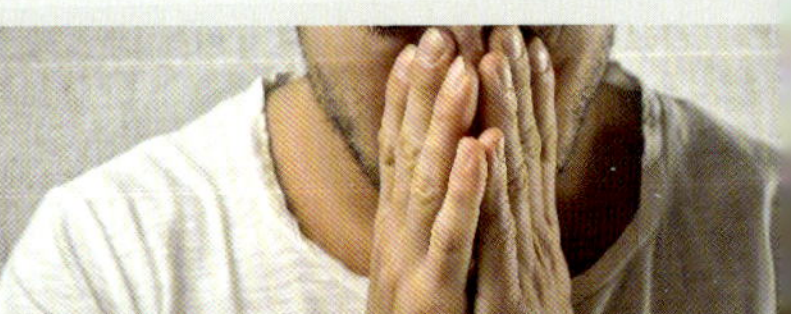

traditionell
altertümlich
gesellig
deutsch
bürgerlich

Gebrochene Schriften

freundlich
ORIGINELL
einzigartig
SCHMÜCKEND
herzlich

Schmuckschriften

bestimmt
AUSDRUCKSSTARK
eindeutig
individuell

Stilschriften

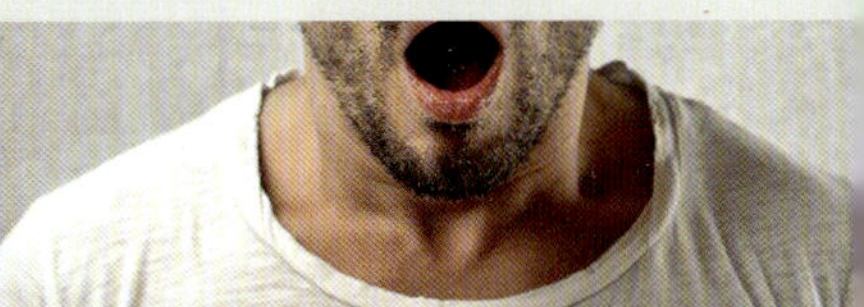

Elektronisch verzerren und neigen

Das wäre doch gelacht, wenn Sie den Text nicht in den vorgesehenen Raum bekämen! Immerhin gibt es in den Programmen doch eine Skalierungsmöglichkeit! Ich sage hierzu allerdings: bitte nicht! Wenn Sie die Breite eines Buchstabens über die Skalierungsfunktion des Layout- oder Illustrationsprogramms verändern, wird der Buchstabe elektronisch in die Breite gezogen beziehungsweise gestaucht, und das Ergebnis lässt sich nicht mit dem professionellen Erstellen eines breiteren oder schmaleren Buchstabens vergleichen. Wenn Sie genauer hinsehen, werden Sie merken, dass sich die Buchstaben eines schmalen Schnittes tatsächlich in ihrer Form und nicht nur in ihrer Breite von einem normalen Schnitt unterscheiden. Der »echte« breite Buchstabe wirkt in sich homogen, der elektronisch verzerrte dagegen unnatürlich.

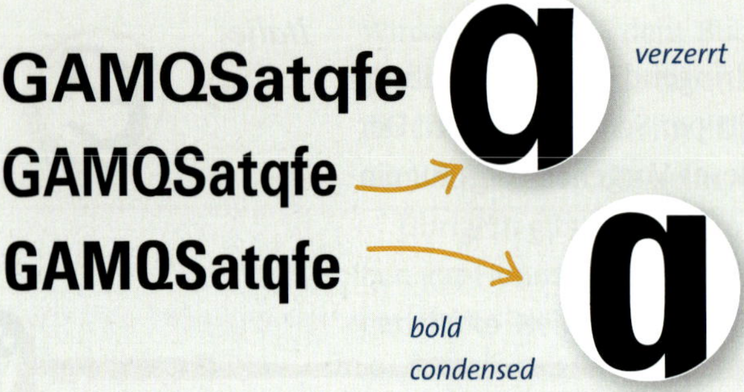

Schmale Serifenlose?

Eine schmal geschnittene Serifenschrift ist in der Tat schwierig zu bekommen; schmale Serifenlose hingegen gibt es zahlreich; links im Beispiel in der ersten Zeile die Univers Bold, in der zweiten Zeile verzerrt und in der dritten der Originalschnitt Bold condensed.

Minion Pro Regular, gerade Ausrichtung

Minion Italic, Neigung nach rechts

Minion Regular, elektronisch geneigt

Calibri Regular, gerade Ausrichtung

Calibri Italic, Neigung nach rechts

Calibri Regular, elektronisch geneigt

Veränderte Form

Die Buchstaben von kursiven Schnitten sind nicht nur nach rechts geneigt, sondern haben auch eine andere Form, was besonders gut beim »a« und beim »g« zu sehen ist; bei Serifenschriften sind die Unterschiede auch in den Ansätzen der Serifen gut sichtbar. Die elektronisch geneigten Schriften erwecken den Anschein, als würden sie jeden Augenblick Übergewicht bekommen und umfallen; sie wirken durch die nicht angepassten Buchstabenformen unausgeglichen und unharmonisch.

Muss das sein? Nein!

In der Anzeige unten wurde die Palatino auf gerade einmal 70 % ihrer eigentlichen Breite gestaucht. In der Anzeige rechts hat sie ihre normale Breite.

Hier die Palatino im Original 

In die Originalanzeige links mit der verzerrten Palatino haben sich zudem mehrere Fehler eingeschlichen wie ein zu großer Abstand nach »Kunst« sowie ein zu kurzer Bis-Strich zwischen den Uhrzeiten.

Schriften neigen

Elektronisch geneigt wird glücklicherweise nicht ganz so oft, aber auch diesen »Schriftenmord« sieht man hin und wieder.

Bereichen ein Paradebeispiel für den Wechselstrich darstellt. Auch in der Gruppe der gebrochenen Schriften findet man viele Schriften mit deutlichen Strichstärkenunterschieden.

Übrigens sind die gleichen Strichstärken in Wahrheit auch gar nicht exakt gleich, sondern nur optisch gleich. Wäre beispielsweise der Strich eines »o« an jeder Stelle exakt gleich stark, würde er nicht gleich wirken. Nur indem der Strich oben und unten minimal dünner gehalten ist, entsteht ein optisch gleichmäßiger Strich.

Wechselnde Strichstärken wirken dynamisch.

Wer Abwechslung in sein Leben bringt, bleibt beweglich im Kopf. Bei der Strichwirkung verhält es sich ähnlich. Wechselstrichschriften präsentieren sich agil, dynamisch, gleichzeitig meist auch elegant. Schriften mit gleichbleibender Strichstärke wirken zurückhaltender, neutral, unbeweglich. Schriften mit dünner Strichstärke erscheinen eher fragil, zerbrechlich, leicht, etwas instabil, leise, luftig, offen. Schriften mit dicker Strichstärke wirken schnell aufdringlich, laut, stabil, kräftig, selbstbewusst.

Dünne Striche erscheinen luftig und leise. Dicke Striche wirken laut und stark.

stark wechselnde Strichstärke

stark wechselnde Strichstärke

stark wechselnde Strichstärke

leicht wechselnde Strichstärke

leicht wechselnde Strichstärke

gleichbleibende Strichstärke

gleichbleibende Strichstärke

Dynamisch oder statisch
Durch eine gleichbleibende Strichstärke vermittelt die Schrift eine mehr statische und neutrale Wirkung als eine Schrift mit wechselnder Strichstärke.

Fonts

- Bodoni 72
- destain
- Mr Bedfort
- Noteworthy Light
- Minion Pro
- Wasted
- Fira Sans (OTF) Light

Ein Plakat, zwei Schriften

Beide Plakate für eine Ausstellung haben viel gemeinsam: den Text, die Aufteilung, die Farben und das Hintergrundbild; auch die gleiche Schrift wurde verwendet, nämlich die Fira. Allerdings wurde sie in zwei verschiedenen Schnitten eingesetzt: Die Fira Eight auf dem linken Plakat hat eine besonders dünne Strichstärke, die Fira Bold auf dem rechten Plakat hat einen deutlich breiteren Strich. Außerdem wurden die Unterstreichungslinien an die Strichstärke der jeweiligen Schrift angepasst.

Strichstärken

Bei den beiden Gestaltungen gibt es kein besser oder schlechter, sondern nur verschiedene Wirkungen aufgrund der unterschiedlichen Strichstärken. Die linke Variante mit der dünnen Strichstärke wirkt leiser und eher zurückhaltend; die rechte Variante deutlich lauter und etwas aggressiv.

WICHTIGES ZEUG!

DAS IST DER KNALLER!

Und das ist ziemlich schick.

Superschick.

Wirkungsvoll.

Stimmungsvoll.

Wir sind best buddies.

ELEGANTES ZEUG.

LASS UNS LOS.

Lässig und formlos.

Schriften von oben nach unten: Aller Light; Memphis; Minion Pro Medium Italic; Minion Pro Bold; American Typewriter Semibold; Beauty Script; Architects Daughter; Avignon Pro Xlight; D-DIN Italic; Euphoria Script

Sie suchen die Aufmerksamkeit und brauchen Zuhörer?
serifenbetont in der Typewriter Serial Xbold

Seien Sie klar, neutral und gut lesbar!
ohne Serifen in der DIN Next LT Pro Light

Sie sind high-fashioned, traditionell und zeitlos?
mit Serifen in der Junicode

Sie wollen seriös, stabil und dominant wirken?
semibold oder bold in der Meta Black

Oder lieber erhaben und einflussreich?
schmal und leicht in der Fira Sans (OTF) Eight

DÜNNE VERSALIEN UND EINE ERHÖHTE LAUFWEITE SORGEN ...
... für einen anspruchsvollen und eleganten Eindruck in der Fira Sans (OTF) ExtraLight.

Rundungen und kräftige Striche sorgen ...
... für einen beständigen und ruhigen Eindruck in der Arial Rounded MT Bold.

Sind Sie emotional, umgänglich und aktiv?
kursive Serifen in der Minion Pro Italic

SIE WOLLEN PROMINENT UND EIN BISSCHEN SCHRULLIG WIRKEN?
Displayschriften wie die Yarin (OTF)

Sie haben gut lachen?
runde Schriften wie die Pirates And Robbers

SIE ZEIGEN SICH VERZIERT UND DETAILREICH!
dekorative Schriften wie die Raconteur NF

Sie wollen weiblich, elegant und hübsch erscheinen?
Script-Schriften wie die Playball

Seien Sie scharf, klar und offen.
geometrisch in der Futura Book

RETRO IST DER NEUE SCHICK.
Vintage in der Swistblnk Monthoers

Was macht eine Schrift lesbar?

Neben der Schriftwirkung und ganz pragmatischen Dingen wie vorhandenen oder eben fehlenden Sonderzeichen ist die Lesbarkeit, etwas weniger streng als Lesefreundlichkeit bezeichnet, ein bedeutendes Kriterium bei der Schriftwahl. Zumindest sollte das so sein, aber wie man immer wieder auch an den Beispielen hier im Buch sieht, fällt auch dieses Thema bei dem einen oder anderen unter die Rubrik »Passt schon!«.

Über die Lesbarkeit von Serifenschriften gegenüber Serifenlosen wird seit Jahrhunderten diskutiert. Wir entziehen uns der Parteinahme und betrachten an dieser Stelle ein paar offensichtliche und ein paar weniger offensichtliche Aspekte, die eine Schrift lesbar machen.

Dass eine Schrift nicht nur grob erkennbar, sondern auch leicht lesbar sein sollte, davon muss ich Sie sicher nicht überzeugen. Lediglich die »Stärke der Lesbarkeit« bleibt diskutabel. Ganz klar ist, dass besonders die Stilschriften, aber auch einige Schreib- und Handschriften schwerer lesbar sind als eine klare Serifenlose. Tatsache ist aber auch, dass wir an eine Headline in 48 Punkt, bestehend aus zwei Worten, nicht die gleichen Ansprüche hinsichtlich der Lesbarkeit stellen wie an einen Grundtext in 9 Punkt, der sich über vier DIN-A4-Seiten erstreckt. Oder müssten wir? Nein, müssen wir definitiv nicht. Wir sollten nicht überall mit dem gleichen Maß messen. An die Schrift eines Buches stellen wir aus guten Gründen andere Ansprüche bezüglich der Lesbarkeit als an die Schrift auf einer Visitenkarte oder einem Plakat.

[**Punkt**]
Der typografische Punkt ist eine feste Größe im typografischen Maßsystem und beträgt in den aktuellen Layoutprogrammen 0,353 mm.

Wann hat die Lesbarkeit welches Gewicht?

Je kürzer der Text, umso weniger fällt die Lese(un)freundlichkeit ins Gewicht. Salopp gesagt hat der Betrachter das Lesen dann schnell hinter sich.

Grundsätzlich sind viele Schriften mit ungewöhnlichen Formen (wie einige Stilschriften) in den mittleren Größen am besten zu lesen. Zudem sollte die Textmenge bei solchen Schriften stark begrenzt sein, da die gewöhnungsbedürftigen Formen das Erfassen von Wortgruppen erschweren und die Informationsaufnahme grundsätzlich stören.

Aber auch die Zeichen, die Sie benötigen, können bei der Entscheidung für oder gegen eine Schrift relevant sein. Zwar sind bei Mengentext in der Regel alle Zeichen einer Schrift beteiligt, aber wer nur wenige Zeichen für eine Überschrift oder einen Namen benötigt, sollte die einzelnen Zeichen betrachten, die er einsetzt. Manche Großbuchstaben oder

Faktoren für eine schwierige Lesbarkeit

Für die Doppelseite dieses Kradblattes wurde die Grundschrift Proxima Nova Condensed verwendet. Die drei Textspalten wirken zu voll, zu eng, zu laut und zu dunkel, was sich zum einen durch die große Textmenge, die untergebracht werden musste, ergibt; zum anderen sind die Abstände zwischen den Zeilen und zwischen den Spalten sowie die Räume zum Papierrand hin zu eng. So entsteht eine Seite, die überladen und nicht einladend wirkt. Zusätzlich wird die Lesbarkeit des Textes durch den unschönen Blocksatz mit unregelmäßigen Buchstabenabständen erschwert.

28 Abenteuer pur für Weltenbummler

THE DESERT DOCTOR

Irgendwann führt mich der Weg nach „Green River", eine Kleinstadt am gleichnamigen Fluss gelegen, die schon deutlich bessere Tage gesehen hat. Der morbide Charme verlassener Tankstellen, an denen sich das Unkraut durch die Betondecke bohrt oder aber die Neonreklametafeln der Motels, die quietschend im Wüstenwind schaukeln, lassen erkennen, dass Green River auf dem besten Weg ist, eine Geisterstadt zu werden. „Ghost Towns" gibt es in den USA hunderte und ständig kommen neue hinzu. Sie entstehen überall dort, wo Menschen ihre Hoffnungen ansiedelten, wo Bodenschätze oder Arbeitsplätze Menschen aus dem ganzen Land anlockten. Sie alle haben gemeinsam, dass sie eine kurze Blütezeit erleben mit hunderten, manchmal sogar tausenden von Einwohnern, die jedoch dann weiterziehen, wenn es nichts mehr zu holen gibt. Green River ist da nur ein Beispiel von vielen. Einst eine blühende Mormonen Oase, versprach der Ort eine rosige Zukunft. Mit der Schließung einer nahegelegen Raketenbasis verlor die Stadt jedoch den größten Arbeitgeber, die Army, und die Menschen zogen fort. Das Aufgeben ganzer Städte ist, wie gesagt, nichts Ungewöhnliches in den USA, denn Amerikaner sind es gewöhnt, dorthin zu ziehen, wo die Arbeit ist. Der Begriff Heimat hat dort eine ganz andere Bedeutung als bei uns. Weil man in den USA jobbedingt viel flexibler sein muss, haben die Menschen es schon früh gelernt, auf die Veränderungen der Umwelt mit Mobilität zu reagieren. Während in Deutschland etwa zwei Drittel der Menschen ein Leben lang an einem Ort bleibt, sind es in den USA gerade mal 2 %.

Jeder Verlierer hat jedoch auch seinen Gewinner. Ein paar Kilometer weiter östlich, in der Stadt Moab, sieht die Welt ganz anders aus. Das Eingangstor zu den Nationalparks „Arches" und „Canyonlands" erlebt goldene Zeiten. Das Geschäft mit dem Abenteuer blüht und verschafft der Tourismusindustrie enorme Zuwachsraten. Pfiffige Anbieter von Rafting-, Kletter-, oder Mountainbike-Touren reihen sich dicht gedrängt an der Main Street aneinander. Neben all den Adrenalin intensiven Aktivitäten zieht es die Touristen vor allem in den Arches Nationalpark. Wie der Name schon verrät gibt es in diesem Park in allererster Linie die berühmten Steinbögen zu bewundern. Insgesamt über 2000 sollen es sein. Vom kleinsten Bogen, wo gerade mal ein Tennisball durchpasst bis zum „Landscape Arch", der die beeindruckende Spannweite von 100 Metern hat. Der „Grazile Bogen", der „Delicate Arch", ist die 16 Meter hohe Hauptattraktion. Er ist gleichzeitig das Wahrzeichen Utahs und prangt auf Briefmarken und Nummernschildern.

In unmittelbarer Nähe des Arches Nationalparks liegt der „Dead Horse Point State Park" – ein von abschüssigen Klippen umgebener Tafelberg. Der Ort wurde nach den „Toten Pferden" benannt, weil Cowboys und Pferdediebe das vorstehende Hochplateau mit den an allen Seiten steil abfallenden Kanten als natürliche Koppel benutzten. Nur über einen schmalen Bergrücken ist der Ort mit der restlichen Hochebene verbunden. Indem man den einzigen Ausweg mit Ästen und Gestrüpp abgeriegelte, wurden die Pferde eingeschlossen. Die Tiere, die man für den Verkauf oder zur Zucht aussortierte wurden mitgenommen. Für die Zurückgelassenen endete die Gefangennahme meist tödlich, da sie auf der beschränkten kargen Fläche kein Wasser und kaum geeignete Nahrung fanden. Doch nicht nur die Pferde fanden hier ein jähes Ende. Für das dramatische Finale des Films „Thelma und Louise" wurde das Plateau als Drehort genutzt.

Fragt man mich nach einem Geheimtipp unter den vielen Parks in Utah, so würde ich den nahe gelegenen „Canyonlands Nationalpark" nennen. Die meisten Reisenden fahren auf dem Weg nach Moab an ihm vorbei, ohne Notiz davon zu nehmen. Mit seiner fast unberührten Natur und Einsamkeit ist dieser der größte und

sehr enge Abstände zwischen Bild beziehungsweise Text und Papierkante

Der Südwesten der USA

Reisemotorrad: Yamaha XT660Z Ténéré

…g am schwersten zugängliche …ark des Bundesstaates. Von … Aussichtspunkten am Rand …us hat man eine fantastische …uf den Zusammenfluss des …River und Green River, die sich … tiefer grün und träge durch …chichte fressen.

…n meisten anderen Parks gibt …r mehrere einfache Plätze, an … sein Zelt aufschlagen kann. Für … weniger als sieben Euro, die …m Umschlag in eine Box steckt, …an großartige Naturerlebnisse …och lange nach dem Sonnen… sitze ich vor meinem Zelt, höre …e einen Kojoten heulen und …lige Sternschnuppen, die von …kenlosen Himmel regnen. Am …orgen bin ich gewohnt früh auf den Beinen. Ich habe den Blick auf den Canyon ausgiebig genossen und möchte ihn nun mit meiner Ténéré erkunden. Über eine schmale Sandpiste, die sich in eine Steilwand klammert, geht es hinunter in die zerklüftete Felsenlandschaft, „Canyonlands" genannt. Es folgen 50 Kilometer über den „Shafer Trail", der mir von …ehreren einheimischen Endurofahrern …g zu Recht wärmstens empfohlen wurde. Je weiter man talwärts fährt, desto majestätischer werden die roten Felsen. Die Vegetation hingegen wird spärlicher. Bedingt durch die wenigen Niederschläge haben die anspruchslosen Pflanzen die Größe ihrer Blätter reduziert und mit einer Wachsschicht überzogen, um die Verdunstung zu reduzieren.

Ich traue meinen Augen nicht, als ich mitten im Nichts ein sichtlich verzweifeltes Ehepaar aus England treffe, die mit einem Wagenheber versuchen, den für diese Strecke völlig ungeeigneten Pkw über eine Bodenwelle zu heben. Fast schon apathisch wiederholt er immer wieder den Satz „Ich habe die falsche Abzweigung genommen", während seine Frau ihn immer wieder anschreit. Zwar sieht man in den USA immer wieder Touristen, die mit Ihren Mietwagen auf Strecken unterwegs sind, auf denen sie laut Mietvertrag nichts zu suchen haben, doch das hier ist wirklich krass. Ich helfe den beiden eine Weile, sehe dann jedoch ein, dass sie ihre Ehekrise alleine durchstehen müssen. Wir tauschen E-Mail-Adressen aus und verabreden, dass ich Hilfe bei der Parkverwaltung hole, wenn sie sich in zwei Tagen nicht bei mir gemeldet haben. Dann verabschiede ich mich. Noch eine Weile kann ich das Echo einer hysterischen Frauenstimme zwischen den Felsen hören. Als ich vor Ablauf der Frist eine E-Mail bekomme, dass alles in Ordnung sei, verabreden wir uns spontan auf ein paar Bier in der Moab-Brewery. Selten habe ich auf meiner Reise so lachen müssen, wie an diesem Abend.

Meine Reise durch Utah endet wie anfangs beschrieben im Indianerland. Über den Highway 163 fahre ich auf die 300 Meter hohen Tafelberge des Monument Valley an der Grenze zu Arizona zu. Ich bekomme eine Gänsehaut beim Anblick der vermutlich bekanntesten Kulisse Amerikas. Wie gerne würde ich die Zeit zurückdrehen und die vergangenen zwei Wochen noch einmal erleben. Doch meine Reise endet ja noch nicht, sie führt mich weiter in einen weiteren großartigen Bundesstaat – Colorado.

Erik Peters
www.motorradreisender.de

Erik ist weltweit auf seiner Yamaha unterwegs und mit seiner Multivisionsschau zwischenzeitlich auch immer wieder mal im Kradblatt-Gebiet zu Gast. Aktuelle Termine, DVDs, Bücher und vieles mehr findet man online auf seiner Website: www.motorradreisender.de

ABENTEUER NORDAMERIKA
23.000 Kilometer von Mexiko nach Kanada

teilweise sehr uneinheitliche Buchstabenabstände, die durch nicht gut generierten Blocksatz entstehen

…hohen Tafelberg…
…ley an der Grenze z…
…bekomme eine Gänseha…
…k der vermutlich bekann…
…Amerikas. Wie gerne würde…
…rückdrehen und die vergan…
…ochen noch einmal erlebe…
…eise endet ja noch nicht…
… in einen weiteren …
…Colorado…

4. Versalsatz mit der falschen Schrift erschwert die Lesbarkeit

Während viele Schriften im normalen Einsatz gut lesbar sind, lassen sie sich im reinen Großbuchstabensatz so gar nicht erkennen. Bestimmte Großbuchstaben sind aufgrund ihrer individuellen und ausgeprägten Formen nicht dazu gedacht, dass man sie in Menge sieht. Also: bitte keinen Großbuchstabentext mit Schreibschriften, Handschriften oder gebrochenen Schriften umsetzen.

Versalien im Plakat
Bei den eigenwillig geformten Großbuchstaben von Schreibschriften ist Versalsatz nicht empfehlenswert.

HONEYMOON UP
Honeymoon Up

KLEIST-FRAKTUR
Kleist-Fraktur

LAURENSCRIPT
LaurenScript

Kein Versalsatz
Die meisten Schreib- und Handschriften und auch viele dekorative Schriften haben ausladende und eigenwillig geformte Großbuchstaben, die als reiner Großbuchstabensatz kaum zu lesen sind.

Lesbarkeit fördern durch Gestaltung

Nun betrachten wir Attribute zur Verbesserung respektive Verschlechterung der Lesbarkeit, die nicht von der Schrift selbst stammen, sondern auf die Sie mit anderen Gestaltungselementen Einfluss nehmen können.

Kontrast

Sorgen Sie für genug Kontrast zwischen Schrift-und Hintergrundfarbe. Wir erkennen Buchstaben (und erfassen deren Sinn), weil sich die Schrift mit ihrer Helligkeit und mit ihrer Farbe vom Hintergrund abhebt. Ein Typografenrat ist: Wenn Sie nichts zu sagen haben, sagen Sie es in Grau auf Grau. Graue Schrift auf grauem Hintergrund nämlich wäre, genauso wie schwarze Schrift auf schwarzem Hintergrund, schlichtweg nicht lesbar; eine hellgelbe Schrift auf hellblauem Hintergrund wäre kaum besser. Ein kräftiger Kontrast zwischen Schrift-und Hintergrundfarbe ist also Voraussetzung für das leichte Erfassen eines Textes.

Übrigens, es muss nicht immer Schwarz auf Weiß sein – Studien haben gezeigt, dass gerade das Lesen am Monitor weniger ermüdet, wenn die schwarze Schrift auf einem hellgrauen Hintergrund steht.

Negativschrift

Negativschrift, also weiße Schrift auf schwarzem Hintergrund, ist grundsätzlich etwas schwerer zu lesen als dunkle Schrift auf hellem Hintergrund. Wenn Sie also mit Negativtext arbeiten, dann verwenden sie ihn nur in kleinen Dosen, und erhöhen Sie leicht die Laufweite, also die Abstände der Buchstaben zueinander. Und mit einer eher großpunzigen Schrift holen Sie hier noch Sonderpunkte heraus.

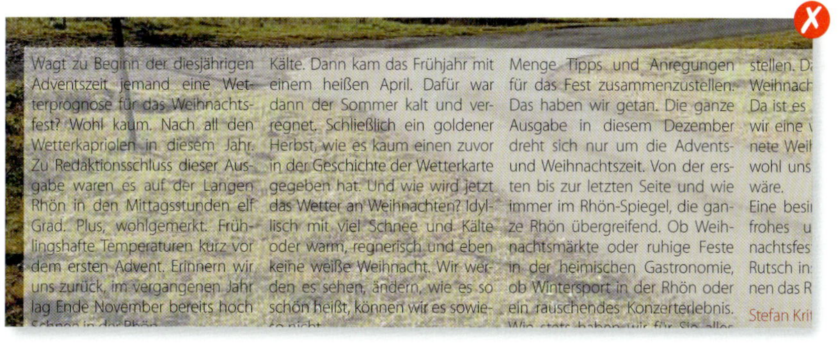

< Transparenz
Gut gedacht, schlecht gemacht. Die transparente Fläche hinter dem Text ist der richtige Ansatz, um den Kontrast zu erhöhen; das hinten liegende Bild scheint aber zu stark durch, und die Schrift ist dadurch schwer lesbar.

Drei Plakate mit zu wenig Kontrast

Nicht nur im Fließtext, auch bei anderen typografischen Gestaltungen ist ein guter Kontrast die Voraussetzung, um den Text lesen und die Informationen erfassen zu können. Manchmal ist aber der Farbwechsel von positiv (schwarz) zu negativ (weiß) nicht genug. Besonders dann, wenn der Hintergrund zu unruhig ist und nur an vereinzelten Stellen genug Kontrast zwischen Schrift und Hintergrund vorhanden ist, kann man mit flächigen Hinterlegungen arbeiten.

mangelnder Kontrast

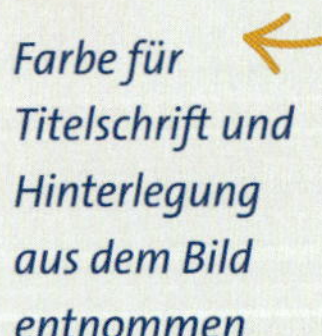

Farbe für Titelschrift und Hinterlegung aus dem Bild entnommen

Die flächige Hinterlegung sorgt nicht nur für genug Kontrast, sondern arbeitet auch noch als Blickfang, um den Text zu betonen. Als Farbgeber für die Hinterlegung können Farben aus dem Bild verwendet werden.

Zeilenabstand

Wie gerade gehört, erkennen und nehmen wir Schrift auf, weil sie eine andere Farbe hat als der Hintergrund. Der Wechsel zwischen hell und dunkel, zwischen Schwarz und Weiß ist also dafür verantwortlich, dass wir die Buchstaben überhaupt wahrnehmen und den Inhalt erfassen können. Dabei ist das Verhältnis zwischen hell und dunkel, zwischen unbedruckt und bedruckt, durchaus relevant. Ist zu viel bedruckt oder zu viel unbedruckt, stört das die Aufnahme und die Lesbarkeit. Somit ist auch der Abstand der Textzeilen zueinander, der sogenannte Zeilenabstand, relevant für die Lesbarkeit.

[Weißraum]
Nicht bedruckter Raum in einer Gestaltung

[Zeilenabstand]
Abstand zwischen einer und der darauffolgenden Zeile beziehungsweise Grundlinie

Negativschrift und Zeilenabstand

Im Beispiel sind beide Thematiken kombiniert: zum ersten Negativtext, der grundsätzlich eher mehr als weniger Freiraum beziehungsweise eine leicht erhöhte Laufweite benötigt, zum zweiten der Zeilenabstand, der hier deutlich zu gering ausfällt und dafür sorgt, dass sich Unter- und Oberlängen berühren.

RWTH ist exzellent!

Unter Hochspannung stand am Mittag des 19. Oktober die illustre Schar von Hochschulangehörigen, Gästen und zahlreichen Pressevertretern im Gästehaus an der Melatener Straße. Ihre ganze Aufmerksamkeit galt der hoffnungsfroh erwarteten Entscheidung der Exzellenzinitiative von Bund und Ländern. Jubel und begeisterte Gratulationsrufe an den Rektor brandeten auf, als die alles entscheidende Nachricht eintraf: Die RWTH Aachen ist exzellent! Innovationsminister Andreas Pinkwart überbrachte sie persönlich – sogar eine Stunde früher als vorgesehen.

Der Bewilligungsausschuss für die Exzellenzinitiative hatte kurz zuvor in Bonn einstimmig die Finanzierung des Zukunftskonzepts der RWTH beschlossen. Zusätzlich wurden die Mittel für einen weiteren Aachener Exzellenzcluster genehmigt. Diese Nachrichten wurden im Haus Königshügel begeistert aufgenommen: „Wir sehen den von uns eingeschlagenen Weg bestätigt", betonte Rektor Burkhard Rauhut vor der großen Medienpräsenz. Er sei überzeugt, dass neben den Fördergeldern das nun weiter steigende Ansehen der Aachener Hochschule im In- und im Ausland ein großer Gewinn ist. Und auch Minister Pinkwart unterstrich, dass die RWTH mit diesem Zuschlag ihren Ruf als eine der besten Universitäten Deutschlands untermauert habe.

Für alle Beteiligten in der Hochschule brachte dieser Tag mit der begehrten Auszeichnung die Ernte ihrer enormen Anstrengungen in den zurückliegenden zwölf Monaten. Am 13. Oktober 2006 sah man sich noch mit dem Scheitern des Antrages zum Zukunftskonzept konfrontiert, obwohl auch damals schon große Bemühungen vorausgegangen waren. Umso mehr spürte man in der Runde jetzt Zufriedenheit, gemischt mit berechtigtem Stolz.

Auf Grundlage ihres Zukunftskonzepts – überschrieben mit dem englischen Titel „RWTH 2020: Meeting Global Challen-

Zeit für intensive Analysen und zur Entwicklung einer umfassenden Strategie genutzt. Im wesentlichen wurden hierbei vier Maßnahmenbündel fixiert, um existierende Defizite zu beheben und vorhandene Stärken auszubauen.

Zukunftskonzept mit vier Schwerpunkten

An erster Stelle steht die Schärfung des wissenschaftlichen Profils: Die naturwissenschaftliche Grundlagenforschung soll gestärkt, die interdisziplinäre Zusammenarbeit – vor allem die aller Fakultäten mit den Ingenieur- und den Naturwissenschaften – ausgebaut werden.

Eine zweite bedeutende Maßnahme wurde bereits im August 2007 mit der Unterzeichnung von JARA – der „Jülich-Aachen Research Alliance" – eingeleitet. Dieses Modell einer Partnerschaft zwischen universitärer und außeruniversitärer Forschung ist von hoher internationaler Ausstrahlung. Die Allianz ist bereits in den drei Sektionen JARA-BRAIN Translational Brain Medicine (Neurowissenschaften), JARA-FIT Fundamentals of Future Information Technology (Informationstechnologie) und JARA-SIM Simulation Sciences (Simulationswissenschaften) aktiv.

Beim dritten Maßnahmenpaket wird davon ausgegangen, dass eine erfolgreiche Universität Menschen für Ideen wie Projekte begeistern und in Bewegung setzen muss. Um herausragende Studierende, Lehrende und Forscherinnen wie Forscher in die Hochschule holen und halten zu können, wird eine nachhaltige Förderung des wissenschaftlichen Nachwuchses umgesetzt sowie langfristig die Auswahl der besten Studierenden angestrebt. Besondere Anstrengungen werden dabei zur Gewinnung von Frauen unternommen – von Studentinnen, Nachwuchsforscherinnen und Professorinnen.

Der vierte Bereich umfasst die Schritte zur Stärkung der Managementqualitäten und der Etablierung neuer Führungs-

Außerdem geht die RWTH als ein besonderer nationaler Spitzenreiter aus dem Wettbewerb hervor – alle Exzellenzcluster und die Graduiertenschule werden, bei fakultätsübergreifender Beteiligung vieler Institute, in den Ingenieurwissenschaften koordiniert.

Exzellencluster
„Integrative Produktionstechnik in Hochlohnländern"

Der Exzellenzcluster verfolgt das Ziel, aus der Produktionstechnik heraus Beiträge zur Erhaltung arbeitsmarktrelevanter Produktion in Hochlohnländern zu liefern. Volkswirtschaftlich relevant sind dabei Produkte, die nicht nur Nischenmärkte, sondern Volumenmärkte adressieren. Mit dem Exzellenzcluster wird das „Aachen … Integrative Production Technology" ausgeb… technischen Kompetenzen an de… und die Einbindung von Untern… 6)

Exzellenz…

Schwerp… Ultra High-Speed M… " – sind mobile Infor… der Zukunft. Hauptsä… dungen und Dienste, … baugruppen und höchs… den Erfolg ist die enge … der beteiligten Gruppen, au… wollen mit den UMIC-Forschun… arbeiten. (bewilligt 2006)

Exzellenzcluster
„Maßgeschneiderte Kraftstoffe aus Biomasse"

Die Forscher nutzen einen interdisziplinären Ansatz unter Ver-

Die Zusammenstellung der Farben sorgt für eine eher kindliche Wirkung.

die Syntax in den Schnitten Roman, Bold und Black

Die Syntax wird im Beispiel mit 10 Punkt verwendet, allerdings mit –30 Einheiten unterschnitten, was einer Laufweitenverringerung von 0,3 Punkt entspricht. Der Zeilenabstand beträgt 9,9 Punkt.

Darstellung in 100 %

Syntax 10 Punkt Schriftgröße und 12 Punkt Zeilenabstand

Nachgebessert: Mit einem Zeilenabstand von 12 Punkt und einer etwas erhöhten Laufweite lässt sich der Text deutlich besser erfassen.

Spielereien

Ja, es ist dank digitaler Technik und mit aktueller Software wirklich einfach, Verläufe, Schatten oder gar Muster auf Schriften zu legen. Nein, das Ergebnis ist meistens nicht schön, nicht ästhetisch, nicht passend und meist schlecht lesbar.

Während sich sicherlich über die eine oder andere Spielerei streiten ließe, strahlen viele davon einfach nur Unprofessionalität und Hilflosigkeit aus. Die Hilflosigkeit zeigt sich dann in unsachgemäßem Umgang mit Schriften, Effekten und Farben. Häufig besteht der Wunsch, Textzeilen hervorheben zu wollen, wendet dabei aber die falsche Methode an, wie zu viele Farben, anstatt mit einer kräftigen Schnittstärke oder der Größe zu arbeiten.

Im Beispiel rechts wurde mit einem weißen Schatten gearbeitet – wahrscheinlich weil der Gestalter ahnte, dass ansonsten der Kontrast zwischen schwarzer Schrift und dunklem, unruhigem Hintergrundbild zu gering ausfallen könnte. Das Ergebnis ist aber nicht besser lesbar, sondern eher schlechter. Ähnlich verhält es sich mit Farbverläufen in Schriften, die grundsätzlich das Erfassen des Textes erschweren und häufig auch einen Angriff auf die Geschmacksnerven darstellen.

Checkliste: So erhöhen Sie die Lesbarkeit

- Schatten: Schrift mit einem leichten, dunkleren Schatten zu hinterlegen, um ihm etwas Tiefe zu verleihen, kann gut gehen. Schrift mit einem hellen Schatten zu hinterlegen, um mangelnden Kontrast auszugleichen, geht sicher nicht gut. Bunte Schatten gehen gar nicht.
- Dreidimensionale Effekte: 3-D-Effekte mit Schrift sehen grundsätzlich nicht gut aus.
- Muster: Die Schrift mit einem Muster zu füllen sieht auch nicht gut aus.
- Kontrast: Mangelnder Kontrast kostet Lesbarkeit.
- Unruhige Hintergrundbilder: Schrift wird durch einen unruhigen Hintergrund schlechter lesbar, weil sie sich nicht klar genug abheben kann.
- Verlauf in der Schrift: Ein Verlauf in der Schrift geht in den meisten Fällen auf Kosten der Lesbarkeit und ist auch aus gestalterischer Sicht ein schwieriger Kandidat.
- Verlauf im Hintergrund: Hinter grundverläufe über zwei oder mehr Farben sorgen für Unruhe; die Schrift braucht in diesem Fall klare Abgrenzungen.

Weißer Schatten für die Lesbarkeit?

Die Anzeige eines Meeresaquariums im Vorher-Nachher-Vergleich. Im Original wurde um die Schrift ein weißer Schatten gelegt – wahrscheinlich mit dem Ziel, den Kontrast zwischen Text und Bild zu erhöhen. Schatten zeichnen sich durch unscharfe Ränder aus und verursachen in der Regel ein leicht verschwommenes Bild, was bei kleinen Textgrößen kontraproduktiv wirkt. Der Text wird dadurch leicht unscharf und ist schwerer zu lesen.

weißer, unscharfer Schatten

Keine Spielereien: Kontrast durch weiße Schrift auf dunklem Hintergrund

Unschöne Kombination

Im Original wurde mit den Schriften Calibri Bold für die Headline, CalifornianFB für den Grundtext und Myriad Pro für den Text im unteren Abschnitt gearbeitet. Die CalifornianFB erinnert stark an die Times, und die Kombination mit der Calibri ist nicht optimal.

In der neuen Variante wird ausschließlich mit der Meta-Familie gearbeitet. Teilweise wurde der Text verändert, damit lediglich nur die wichtigen Informationen enthalten sind.

2. Mischen Sie nicht innerhalb einer Schublade

Kommen wir zum zweiten Tipp. Sie möchten gern mischen, weil sie zwei unterschiedliche Stile einbringen möchten. Weil Ihre Grundschrift zurückhaltend und informativ ist, die Headline aber als Knaller aufgemacht werden soll, im Western-Stil oder ganz angesagt in Retro. Oder weil Sie die Zitate ganz persönlich mit einer Schreibschrift gestalten möchten. Sie sehen, mögliche Gründe gibt es viele.

Finde die Fehler
So sollte man es nicht machen: zwei Schriften aus der Schublade der Schmuckschriften und die dritte Schrift aus der Schublade der gebrochenen Schriften, die nicht mit Schmuckschriften kombiniert werden sollten. Abgerundet wird das Ensemble durch das Zweischriften-Logo rechts unten.

Schriftmischung auf die ganz wilde Art: Die Cosmic Plain in der Überschrift, die Schrift namens Luftwaffe als gebrochene Schrift für den Gasthofnamen und in memoriam der Comic Sans für das Gänseessen die Dom Casual BT.

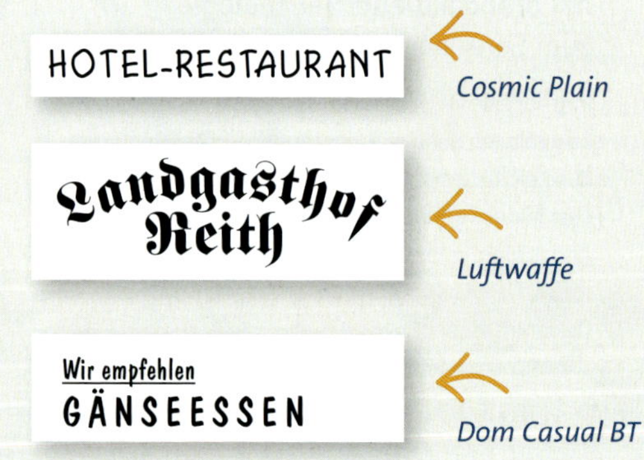

Sie brauchen also in jedem Fall eine zweite Schrift. Ist Ihnen bei der Arbeit mit den sechs Schubladen etwas aufgefallen? Jedes Mal lautete die Empfehlung, nicht mehrere Schriften aus ein- und derselben Schublade zu kombinieren. Wenn Sie also eine zweite Schrift verwenden, dann sollte sich diese genug von der ersten unterscheiden. Und in der Regel unterscheiden sich Schriften aus einer Schublade nicht genug voneinander, um sie guten Gewissens kombinieren zu können.

Auf der sicheren Seite

Fünf Schriften aus der Schublade der Schmuckschriften. Es ist auf einen Blick ersichtlich, dass sich diese Schriften nicht genug voneinander unterscheiden, um guten Gewissens gemischt werden zu können.
Ausnahmen bestätigen die Regel: Selbstredend findet man auch innerhalb einer Schublade Schriften, die sich deutlicher voneinander unterscheiden, als unten im Beispiel zu sehen. Allerdings sind dann genaues Hinsehen und ein gutes Gespür erforderlich, um sie ansehnlich zu mischen. Mit der Regel »Mischen Sie nicht innerhalb einer Schublade« sind Sie also fast immer auf der sicheren Seite.

COMING SOON

COSMIC PLAIN

CLAIRE HAND

GIVE YOU GLORY

KG GIRL ON FIRE

Zwei Schriften aus zwei verschiedenen Schubladen: die Script Honeymoon Up und die serifenlose Nexa Light

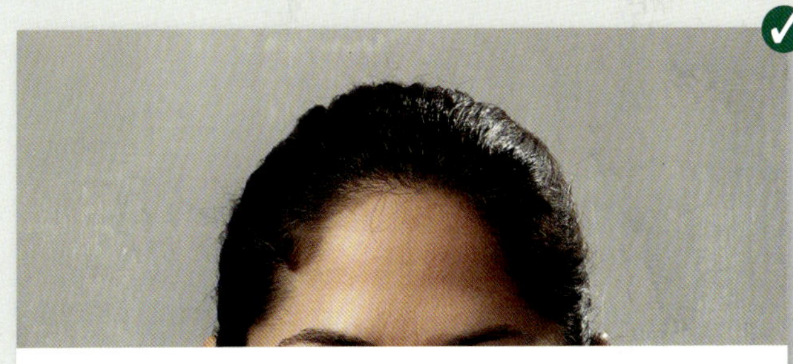

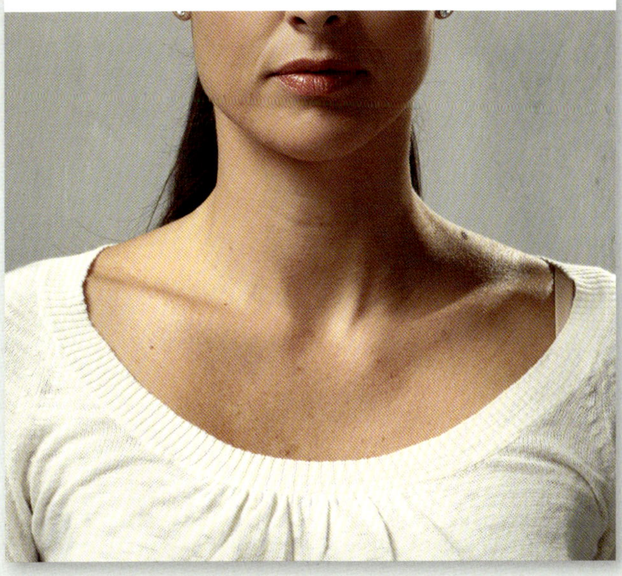

3. Überlassen Sie einem Hauptdarsteller die Bühne

Unser dritter Tipp ist vor dem Hintergrund des zweiten Tipps »Mischen Sie nicht innerhalb einer Schublade« zu verstehen. Einige Schmuck- und Stilschriften brauchen eine große Bühne, und die brauchen sie allein. Sie sind ein solcher Eyecatcher, dass die Randperson in Form der zweiten Schrift entsprechend zurückhaltend und neutral gewählt werden sollte.

Und Sie als Gestalter sind der Regisseur. Sie haben die Aufgabe, zu entscheiden, welcher der Spieler seinen großen Auftritt hat und wer sich als zweiter Darsteller im Hintergrund aufhalten sollte. Konkurrenz belebt zwar angeblich das Geschäft, sorgt aber nicht für gute Typografie.

Kombinieren Sie also eine sehr präsente Schrift mit einer sich zurücknehmenden Schrift. Schreibschrift zur Serifenschrift; Pinselschrift zur Serifenlosen. Damit fahren Sie gut.

4. Achten Sie auf die Strichart

Wer ein bisschen mehr in die Schriftmisch-Tiefe gehen möchte, achtet beim Mischen zudem noch auf die Strichart. Ein Wechselstrich versteht sich mit einem anderen Wechselstrich besser als ein Wechselstrich mit

Nur ein Platz auf der Bühne
Die beiden verwendeten Schriften des Plakats stammen aus zwei verschiedenen Schubladen; die Quikhand als Titelschrift gehört in die Schublade der Handschriften, die Yarin ist eine serifenbetonte Schrift mit leichtem Schmuckcharakter aus der Schublade der Schmuckschriften.

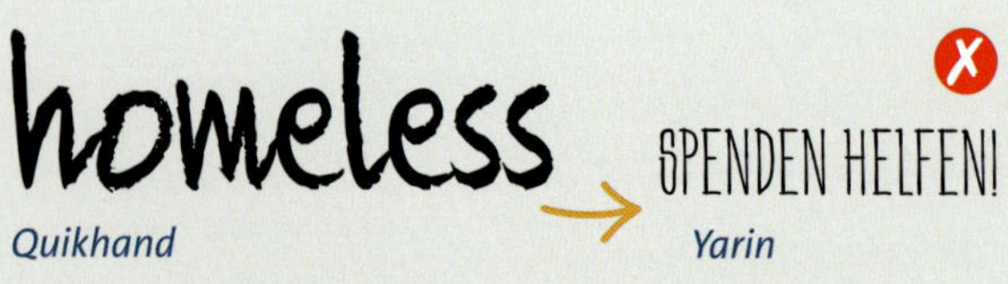

Trotz zweier Schubladen sollte man diese Schriften nicht kombinieren, da beide eigenwillig und präsent sind und die Bühne für sich allein beanspruchen.

einem gleichbleiben starken Strich. Somit freut sich Herr Garamond eher über den wechselhaften Alex Brush als Mitbewohner als über die gleichbleibende Architects Daughter.

5. Mischen Sie nicht mehr als zwei Schriften

In Ausnahmefällen können Sie auch drei Schriften mischen. Für mich liegt dann eine Situation vor, wenn beispielsweise eine Schrift in einem Logo beziehungsweise einem Slogan vorkommt und diese Schrift aufgrund ihrer ungewöhnlichen Statur nicht weiter im Text verwendet werden soll, Sie aber zwei verschiedene Schriften im Text benötigen.

Argumente, die nicht gelten, sind:

- Sie können sich nicht entscheiden, weil Ihnen so viele Schriften gefallen.
- Der Kunde will »ein paar« Schriften.
- Sie wollen einen deutlichen Unterschied zwischen dem Grundtext, den Zwischenüberschriften und den Überschriften erzeugen.
- Sie finden Ihre Gestaltung langweilig.

Die bessere Variante
Hier wird die Quikhand mit einer schmalen Serifenlosen kombiniert, die keine Bühne braucht, sondern sich zurücknimmt, aber trotzdem noch auffällig genug ist, um auf einem Plakat nicht unterzugehen.

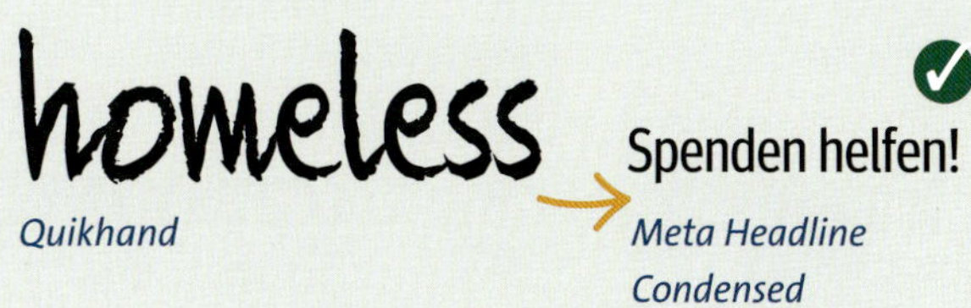

Weil die Quickhand eine relativ gleichbleibende Strichstärke aufweist, passt eine Serifenlose mit ebenfalls gleichbleibender Strichstärke recht gut dazu.

Welche Schriften lassen sich gut verkuppeln?

- Arial & Goudy
- Arial & Minion
- Baskerville & Helvetica
- Caramel Crunch & Baskerville
- Futura & Century Schoolbook
- Garamond & Frutiger
- Great Vibes & Bodoni
- Helvetica & Clarendon
- Helvetica & Caslon
- Junction & Garamond
- Meta & Minion
- News Gothic & Baskerville
- Rockwell & PT Sans
- KG Skinny Latte & Playball
- Times & News Gothic MT
- Times & Source Sans
- Univers & Palatino
- Variane Script & Lato
- Walbaum Fraktur & Didot
- Yarin & Learning Curve Pro

Ich mit dir &
du mit mir

Ich mit dir &
du mit mir

Ich mit dir &
du mit mir.

Ich mit dir &
du mit mir.

Ich mit dir &
du mit mir

Ich mit dir &
du mit mir

Ich mit dir &
du mit mir

Ich mit dir &
du mit mir

Ich mit dir &
du mit mir

Ich mit dir &
du mit mir

Ich mit dir &
du mit mir

Ich mit dir &
du mit mir

Ich mit dir &
du mit mir

Ich mit dir &
du mit mir

Ich mit dir &
du mit mir

Ich mit dir &
du mit mir

Ich mit dir &
du mit mir

Ich mit dir &
du mit mir

Ich mit dir &
du mit mir

ICH MIT DIR &
du mit mir

Google-Mischungen

- Amatic SC & Ubuntu Cond.
- Bitter & Ubuntu
- Cookie & Lora
- Dancing Script & Droid Serif
- EB Garamond Italic & Fira Sans Light
- Fira Sans & Roboto
- Great Vibes & Fira Sans
- Italianno & EB Garamond
- Lato & Bitter Italic
- Lora & Railway
- Lobster Two & Droid Sans
- Londrina Solid & Dancing Script
- Open Sans & Droid Serif
- Parisienne & Dosis
- PT Sans & PT Serif
- PT Serif & Open Sans
- PT Serif Italic & Dosis
- PT Serif & Happy Monkey
- Railway & Bungee
- Ubuntu & Bitter Italic
- Ubuntu & Ubuntu Cond.

ICH MIT DIR &
du mit mir

Ich mit dir &
du mit mir

Ich mit dir &
du mit mir

Ich mit dir &
du mit mir

Ich mit dir &
du mit mir

Ich mit dir &
du mit mir

Ich mit dir &
du mit mir

Ich mit dir &
du mit mir

Ich mit dir &
du mit mir

Ich mit dir &
du mit mir

Ich mit dir &
du mit mir

Ich mit dir &
du mit mir

Ich mit dir &
du mit mir

Ich mit dir &
du mit mir

Ich mit dir &
DU MIT MIR

Ich mit dir &
du mit mir

Ich mit dir &
du mit mir

Ich mit dir &
du mit mir

Ich mit dir &
du mit mir.

Ich mit dir &
du mit mir.

Ich mit dir &
du mit mir.

Kapitel 4

Die Praxis

Denn entscheidend ist das Tun

Korrekte Detailtypografie

Eine elegante Broschüre im Querformat

Diese Broschüre im Querformat wirbt für Luxusbäder. Die Qualität der Bäder ist hoch, ihr Preis auch, und diesen Eindruck soll natürlich auch die Werbebroschüre vermitteln. Eine luxuriöse und offen gehaltene Gestaltung ist hier genauso wichtig wie ein professioneller Umgang mit der Typografie: die richtige Schriftwahl, ein optimaler Zeilenfall und die penible Ausrichtung der Grundlinien. Achten Sie schlussendlich noch auf passendes Papier, das eventuell hochglänzend, aber vor allem stark genug sein sollte.

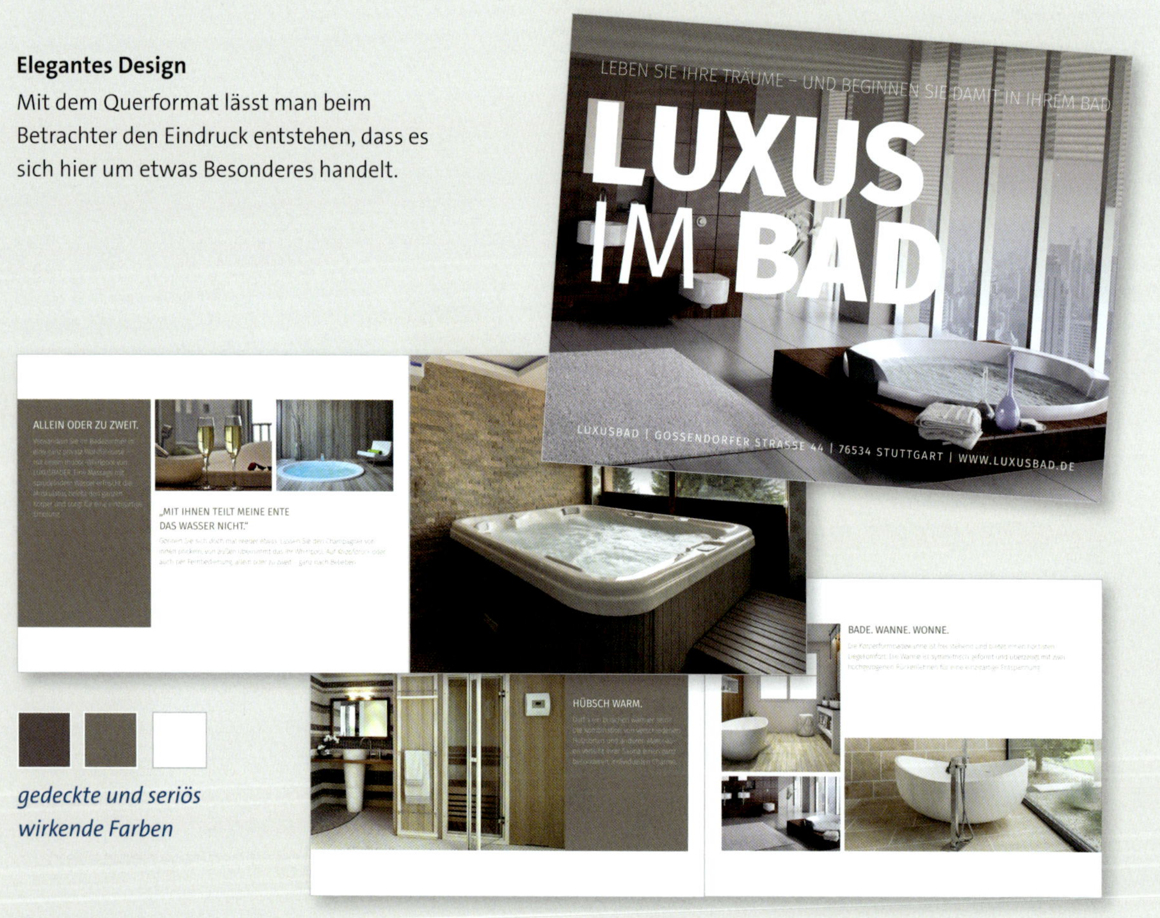

Elegantes Design
Mit dem Querformat lässt man beim Betrachter den Eindruck entstehen, dass es sich hier um etwas Besonderes handelt.

gedeckte und seriös wirkende Farben

Der Aufbau der Broschüre

Obwohl das Querformat unserer Art des Sehens viel mehr ähnelt als das Hochformat, wirkt es auf uns ungewöhnlich und besonders. Dies liegt daran, dass das Hochformat deutlich stärker verbreitet ist.

In der Gestaltung ist das Hochformat häufig leichter zu handhaben, das Querformat ist vielfach sperrig und verlangt etwas mehr Fingerspitzengefühl.

Wie entsteht Eleganz in der Gestaltung?

Wenig Text, viel freier Raum und hochwertiges Bildmaterial – ein Konzept für reduzierte Gestaltung, das Eleganz und das Gefühl von Luxus erzeugt.

Leere gegen Fülle

Je voller die Seiten sind, umso eher werden wir an Billiganbieter erinnert; hingegen lösen Freiraum und wenig Text beim Betrachter das Gefühl von Luftigkeit, Bewegung, Großzügigkeit und Luxus aus.

Zwar wird hier mit relativ wenig weißem Raum gearbeitet, aber durch die großen flächigen Bilder und den reduzierten Text ist die Wirkung ähnlich.

Grundlayout und Weißraum

Unabhängig davon, ob Sie mit viel oder wenig Text beziehungsweise mit viel oder wenig Bildmaterial arbeiten, Sie benötigen bei einer mehrseitigen Gestaltung ein Grundlayout, also einen Seitenaufbau oder Seitenaufriss, der für alle Seiten gültig ist. Zu diesem Aufbau zählen die Festlegung der Abstände zum Rand, aber auch die Spaltenbreite und -anzahl.

Satzspiegel

Zunächst wird der Satzspiegel, also der Bereich, in dem druckbare Elemente platziert werden, festgelegt. Im Fall der Broschüre lassen wir links und rechts einen schmalen Rand, oben und unten ist der Raum größer. Erstellen Sie den Seitenaufriss bei doppelseitigen Gestaltungen immer so, dass Sie beide Seiten nebeneinander sehen. Nur so können später auch beide Seiten miteinander harmonieren, wenn die Broschüre aufgeschlagen vor dem Betrachter liegt.

Satzspiegel

Raster

Im zweiten Schritt erstellen wir ein Raster. Wir unterteilen den Satzspiegel horizontal und vertikal in drei Kästen. Die Unterteilung können wir verwenden, um Texte und Bilder zu platzieren und die Größe von Text- und Bildrahmen in Rasterschritten zu definieren. Durch die begrenzte Anzahl an verschiedenen Bildgrößen und Platzierungen entsteht Übersicht. Je mehr Rasterzellen, umso flexibler ist man prinzipiell in der Gestaltung. Bei vier oder fünf Rasterzellen in der Breite kann der Text auch vier- oder fünfspaltig laufen, und auch für die Bilder wären fünf verschiedene Breiten möglich. Allerdings bringen mehr Rasterzellen auch mehr Unruhe in die Gestaltung; insofern sind drei Zellen für diesen Fall die optimale Lösung.

Rasterzelle

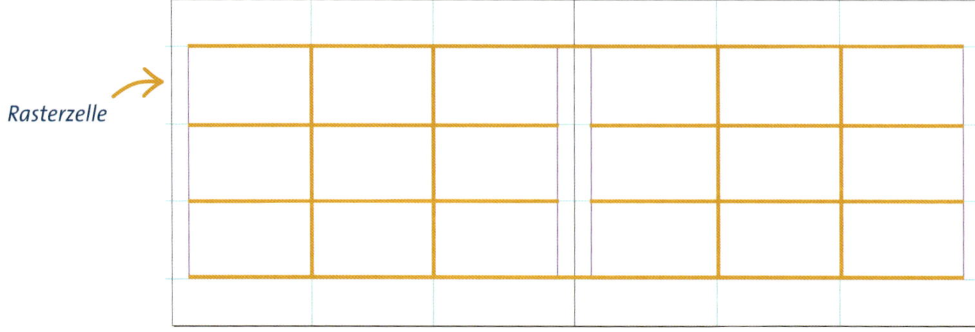

Spaltenanzahl und -breite

Die Spaltenbreite ist ein relevantes Mittel zur Optimierung der Lesbarkeit. In der Broschüre stellt aufgrund der begrenzten Textmenge die Lesbarkeit keine besondere Herausforderung dar; trotzdem sollte man bei einer Breite von 180 mm zwischen zwei und vier Textspalten wählen, um eine optimale Spaltenbreite zu garantieren. Somit können wir mit der Rastereinteilung in drei Zellen gut arbeiten. Bei einer Einteilung in mehr Zellen könnte man alternativ auch immer zwei Zellen für eine Textspalte verwenden.

Flexibel durch Raster

Wenn die Bilder wie im Beispiel eine dominante Rolle spielen, eignet sich ein Seitenaufriss, bei dem die Textplatzierung möglichst flexibel ist. So kann der Text um die Bildinhalte herum positioniert werden. Durch die begrenzte Zellenanzahl wird die Gefahr von zu viel Unruhe unterbunden.

Die Drittelteilung ist übrigens auch ein beliebtes Stilmittel in der Fotografie.

Das Stilmittel Bilder

Bilder sind ein aussagekräftiges und starkes Gestaltungsmittel. Der Eindruck, den sie hinterlassen, wird nicht nur durch das Motiv selbst, sondern auch durch technische Parameter wie die Auflösung, die Schärfe und die Lichtverhältnisse, aber auch durch die Farbe und den Aufnahmewinkel beeinflusst.

Für eine hochwertige Präsentation einer Badewanne genügt eine einfache Aufnahme einer beliebigen Badewanne nicht. Achten Sie auf hochwertiges Bildmaterial, wenn Sie hochwertige Produkte bewerben. Auch ungewöhnliche Formate wie dieses Querformat sorgen für Aufmerksamkeit.

hochwertiges Produkt, hochwertig fotografiert

Wirkt trotz des relativ hochwertigen Produkts nicht edel.

Die Schriftwahl – bitte elegant und modern

Ein Schriftengemisch wäre bei dieser edlen Gestaltung fehl am Platz, weil sie dadurch unprofessionell geriete. Arbeiten Sie besser mit einer Schrift, die in mehreren Schnitten vorliegt. Im Beispiel kommt die Fira Sans zum Einsatz.

Diese serifenlose Schrift wirkt modern, klar und je nach Schnitt lauter oder zurückhaltender. Sie sucht keine Aufmerksamkeit, sondern nimmt sich zurück und überlässt anderen Beteiligten wie den Bildern den Vortritt.

Luxus im Bad

✗ Die 1258 Fridericus II wirkt altertümlich; hier denkt man eher an antike Aquädukte als an moderne Wannen.

Luxus im Bad

✗ Die Havana erinnert mit ihrem »B« oder »d« an die Form einer Badewanne, scheint aber durch ihre ungewöhnlichen Proportionen etwas plump.

LUXUS IM BAD

✗ Die Bitter ist unelegant und wirkt mit ihren betonten Serifen sehr standhaft und bodenständig; ihr fehlt die für das Produkt notwendige Modernität.

LUXUS IM BAD

✗ Der Handschriftcharakter der Atma ist lebendig und individuell, aber eben nicht passend für eine moderne, klare und elegante Bademöbelserie.

Luxus im Bad

✗ Die Bold Stylish Calligraphy hat zwar eine elegante Wirkung, passt aber nicht optimal zu den klaren und wenig verspielten Linien der Produkte.

LUXUS IM **BAD**

✓ Die Fira Sans verfügt über ganze 17 Schnitte und kann somit allen Ansprüchen gerecht werden, die durch die verschiedenen Einsatzbereiche entstehen.

Schriftalternativen

Einige Serifenschriften wirken ebenfalls elegant und gediegen; die Goudy Old Style oder die Gaba Caps Old beispielsweise könnten hier ebenso gut zum Einsatz kommen, allerdings ginge dadurch der moderne Charakter verloren. Auch andere, moderne und zurückhaltende serifenlose Schriften könnten als Alternative verwendet werden.

LUXUS IM BAD

Goudy Old Style

LUXUS IM BAD

Gaba Caps Old

LUXUS IM **BAD** 

Die Alegreya Sans ist schwer einzusortieren, hat sie doch teilweise Serifen und teilweise nicht. Sie wirkt etwas weicher als die Fira und eignet sich ebenfalls für die Broschüre.

LUXUS IM **BAD** 

Auch die Titillium verfügt über viele Schnitte und eine zum Produkt passende Wirkung – harmonisch, modern, neutral.

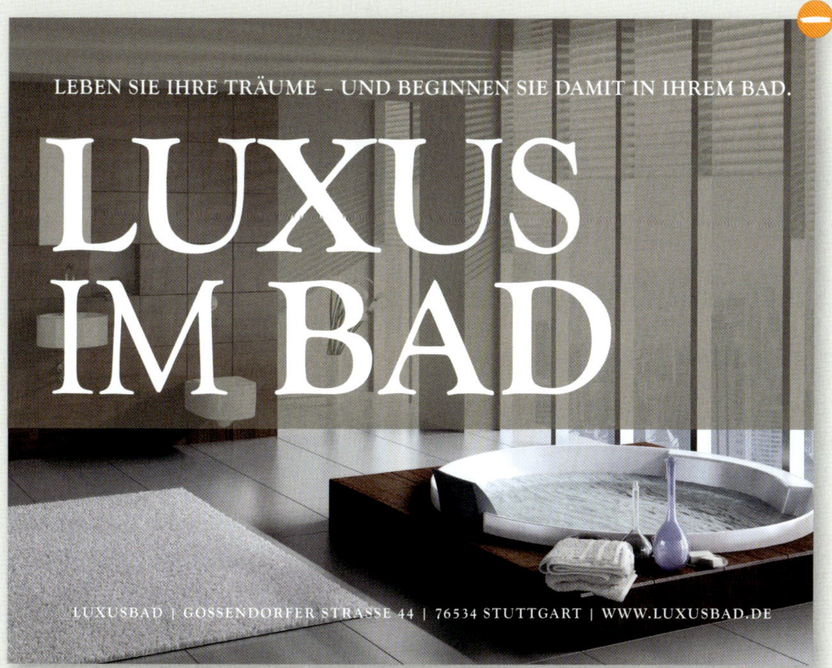

Schrift und Hintergrund
Die Goudy Old Style hat eine elegante Wirkung; allerdings strahlt sie wenig Modernität aus. Zudem geht sie aufgrund der stellenweise schmaleren Strichbreite auf dem unruhigen Bild etwas unter, hier müsste ein ruhigeres Hintergrundbild gewählt werden.

Genauer betrachtet: Mikrotypografie und Orthografie

Die Schrift ist Ihr Werkzeugkoffer. Für jede Aufgabe gibt es das richtige Werkzeug. Wenn Sie einen Gedankenstrich benötigen, weil an dieser Stelle eine Gedankenpause symbolisiert werden soll, dann müssen Sie auch den Gedankenstrich verwenden – und nicht den Trennstrich. Jedes Zeichen hat eine Aufgabe. Ihr Job ist es, für jede Aufgabe das richtige Zeichen zu finden.

so'n Quatsch
ungewöhnlich, mit Apostroph

ans Licht; mehr fürs Geld
gängig, ohne Apostroph

Lukas' Hausaufgaben

Max' Hausaufgaben

Peters Hausaufgaben

Andreas Wohnung
die Wohnung von Andrea

Andreas' Wohnung
die Wohnung von Andreas

Apostroph

Das einzelne, geschwungene oder schräge Strichlein, oben aufgehängt, verwendet man dann, wenn Buchstaben ausgelassen wurden, aber nur dann, wenn der Fall eher ungewöhnlich ist.

- Der Apostroph **kann** gesetzt werden, wenn »eine« beziehungsweise »einer« zu »'n« wird, zum Beispiel bei »so'n Quatsch«.
- Der Apostroph **kann** gesetzt werden, wenn »es« zu »s« verkürzt wird, zum Beispiel bei »Wie geht's?«.
- Der Apostroph **muss** gesetzt werden, wenn mehrere Zeichen ausgelassen werden, zum Beispiel bei »Ku'damm«.
- Der Apostroph **muss** beim Genitiv-s gesetzt werden, wenn der letzte Buchstabe eines Namens ein »s«, »ss«, »tz«, »ce«, »x«, »ß« oder »z« ist. Also »Lukas' Hausaufgaben«, aber nicht »Peter's Hausaufgaben«, das wäre der »Deppenapostroph«.

Ein Apostroph zeigt genauso wie ein Komma immer nach unten – darum wird er bisweilen auch also Hochkomma bezeichnet.

Sorgfalt

Wer mit seinem Produkt elegant und hochwertig wirken möchte, muss den Text professionell und sorgfältig setzen. Bitte achten Sie auf die Rechtschreibung, und vermeiden Sie Tippfehler. Niemand kauft eine Luxusbadewanne für einen fünfstelligen Betrag, wenn der beschreibende Text voller Fehler ist.

Der Apostroph im Einsatz:
Windows: Alt + 0146
Mac: alt + Umschalt + #

Anführungszeichen

Die »Gänsefüßchen« sind ein Fehlerquell sondergleichen, auch wenn es nur zwei korrekte Varianten gibt: Das sind zum einen die **»99« unten** zum Starten und die **»66« oben** zum Schließen; zum anderen sind das die Guillemets. Beide Varianten werden ohne Leerzeichen davor und dahinter gesetzt.

Achtung: Die **Guillemets** für die deutsche Sprache zeigen nach innen; die nach außen zeigenden Guillemets kommen bei den französischen und den Schweizer Kollegen zum Einsatz. Die Amerikaner und die Engländer platzieren ihre Zeichen immer oben. Und noch ein Achtung: Zollzeichen sind keine Anführungszeichen!

Der Einsatz der Zollzeichen beschränkt sich auf anderssprachigen Text (zum Beispiel englischsprachigen Text), auf die Arbeit mit Computersprachen beziehungsweise als Teil einer Syntax. Anführungszeichen hingegen werden für **Zitate** oder auch für das Signalisieren einer ironischen oder **doppelten Bedeutung** verwendet. Sie sollten nicht für Hervorhebungen oder Eigennamen eingesetzt werden.
Viele Programme erlauben eine **Voreinstellung**, sodass die Software automatisch die typografisch korrekten Anführungszeichen einsetzt.

"Das wär's jetzt noch!"
Zollzeichen statt Anführungszeichen

„Das wär’s jetzt noch!“
typografisch korrekt

»Das wär’s jetzt noch!« 
alternativ: Guillemets

Und wenn es doch mal die Zollzeichen sein müssen, die Voreinstellung von Word und InDesign aber automatisch geschwungene Zeichen setzt? In Word hilft es, direkt nach dem Tippen des Anführungszeichens Strg bzw. Befehl + Z zu drücken; in InDesign drückt man direkt die Kombination Ctrl + Shift + ß, unter Windows Alt + Shift + ß.

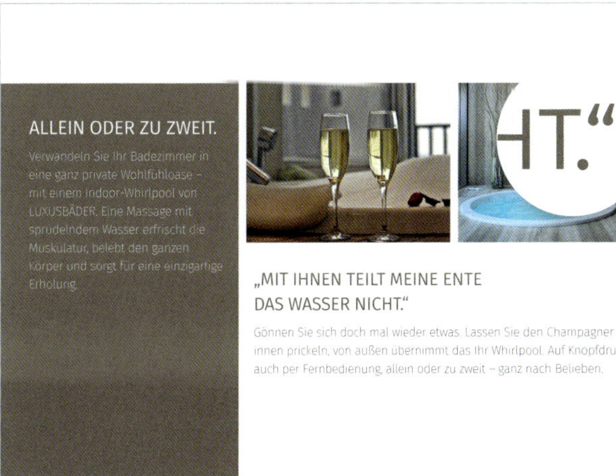

Korrekte Anführungszeichen
In der Broschüre werden die korrekten Anführungszeichen in Form der »99« und der »66« verwendet. Die Enden der »66« als abführende Zeichen am Ende des Zitats zeigen nach oben.

Häufig lassen sich Tren-
nungen nicht vermeiden.
(als Trennstrich [Divis])

Bertold-Brecht-Platz 24
(als Kopplungsstrich)

Trennstrich, Bindestrich oder Divis

Der Trennstrich ist der kurze Strich, der am Ende einer Zeile automatisch erscheint, wenn ein Wort umbrochen wird. Auch zum Koppeln eines Wortes wird er verwendet. Hintergrundinfo: Man nennt ihn auch Viertelgeviertstrich, weil er die Länge eines Viertelgevierts hat. Ein Geviert entspricht der Schriftgröße im Quadrat. So ist bei einer 12-Punkt-Schrift ein Geviert 12 Punkt groß, ein Viertelgeviert entsprechend 3 Punkt.

Die entstandene Silbentren-
nung gefällt nicht? Dann
greifen Sie ein!
Die entstandene Silben-
trennung gefällt nicht?
Dann greifen Sie ein!

Der bedingte Trennstrich

Trotz angepasster Silbentrennoptionen sind wir nicht immer mit der Trennung von InDesign oder Word zufrieden. Manchmal ist sie einfach unschön, manchmal auch schlichtweg falsch. Mit einem optionalen Trennstrich greifen Sie in die Trennung eines Wortes ein, indem Sie durch eine Eingabe die Trennstelle vorgeben. Wird die Trennung dann aufgrund von Schrift- oder Größenwechsel hinfällig, verschwindet der optionale Trennstrich automatisch wieder. It's magic.

1. Baden	*1. Baden*
2. Dusch-	*2. Dusch-*
3. räume	*räume*
4. Sauna	*3. Sauna*

Harter Return

Mit dem harten Return erstellt man zwar eine neue Zeile, aber nicht automatisch einen neuen Absatz. Somit kommen auch die einem Absatz zugewiesenen Attribute wie Abstände, automatische Nummerierungen oder Aufzählungszeichen nicht zum Einsatz.

Trennungen

Die »Wassertem-peratur« in der vorletzten Zeile ist zwar nicht falsch getrennt, aber trotzdem unschön. Für eine elegantere Lösung wird hinter dem »Wasser« ein bedingter Trennstrich gesetzt, und schon ist die Trennung gelungen.

Gedankenstrich, Währungsstrich oder Bis-Strich

Wer eine gedankliche Pause machen oder einen Einschub signalisieren möchte, verwendet den Gedankenstrich. Er heißt auch Halbgeviertstrich, weil er die Größe eines Halbgevierts hat. Vor und nach dem Gedankenstrich wird ein Wortzwischenraum gesetzt.
Zudem wird der Strich bei Währungsangaben verwendet. Auch bei einer »von-bis«-Angabe wird der Halbgeviertstrich verwendet, genauso kommt er als Streckenstrich zum Einsatz. Hier folgen allerdings keine Wortzwischenräume, sondern der Strich wird direkt (oder mit einem sehr kleinen Zwischenraum) an die Zahl gesetzt.

Ob allein oder doch zu zweit – Baden ist dufte.
(als Gedankenpause)

Badezeiten:
21.30–22.15 Uhr
(als Bis-Strich)

Pause mit Gedankenstrich
Der Gedankenstrich signalisiert eine Pause oder grenzt Einschübe vom Begleitsatz ab, wird aber häufig und fälschlicherweise auch vielfach als Kommaersatz verwendet oder um zwei Sätze miteinander zu verbinden. Setzen Sie ihn wohlüberlegt ein – und nicht inflationär.

ALLEIN ODER ZU ZWEIT. 

Verwandeln Sie Ihr Badezimmer in
eine ganz private Wohlfühloase
– mit einem Indoor-Whirlpool von

ALLEIN ODER ZU ZWEIT. 

Verwandeln Sie Ihr Badezimmer in
eine ganz private Wohlfühloase –
mit einem Indoor-Whirlpool von

Achten Sie darauf, dass der Gedankenstrich bei einem Zeilenwechsel immer als letztes Zeichen in der Zeile steht und nicht als erstes in der neuen Zeile.

schmückend & individuell
(in der Minion Pro Italic)
schmückend & individuell
(in der Italianno)
schmückend & individuell
(in der Give You Glory)

Das Et-Zeichen &

Das &-Zeichen ist eine stilisierte Variante des Et- beziehungsweise Und-Zeichens und wird im Englischen als ampersand bezeichnet. Es wird oftmals als Bestandteil eines Logos, Eigennamens oder auch als reines Schmuckelement verwendet. Klar, das kann ja auch abhängig von der Schrift sehr hübsch aussehen. Manchmal allerdings ist es auch erstaunlich hässlich oder fehlt im Zeichenumfang völlig.

SPASS
SPAẞ
(die Gentium Plus beinhaltet ein Versal-Eszett)

Das Eszett

Das ß wird eingesetzt, wenn vor dem scharfen S ein langer Vokal steht. So schreiben wir »Soße« und »Kloß«, aber »Pass« und »dass«. Offiziell wurde auch das Versal-Eszett 2017 als Bestandteil der amtlichen deutschen Rechtschreibung aufgenommen. Trotzdem sieht man speziell bei Versaltext häufig das Doppel-s, was daran liegt, dass viele Schriften noch nicht über ein Versal-Eszett verfügen.

Das Versal-Eszett
In der Broschüre wurde mit der Fira gearbeitet, die über ein Versal-Eszett verfügt. In InDesign können Sie das große Eszett auch im Glyphen-Bedienfeld ansprechen.

Zeilenschaltung und neue Seite

Wer einen neuen Absatz erstellen möchte, drückt die Return-Taste (auch Zeilenschalter genannt). Wer auf eine neue Seite springen möchte, drückt aber nicht zigmal die Return-Taste, sondern den entsprechenden Befehl.

Hier kommt eine ¶
neue Zeile.

Das Leerzeichen – und andere nicht sichtbare Zeichen

Das Leerzeichen, auch Wortzwischenraum genannt, wird zwischen zwei Worten gesetzt. Auch nach dem Interpunktionszeichen wie dem Satzpunkt oder dem Ausrufezeichen folgt genau ein Leerzeichen. Hingegen wird vor einem Satzzeichen kein Leerzeichen gesetzt, was man allerdings immer wieder sieht.
Wer größere Abstände benötigt, sollte mit anderen Räumen wie dem Halbgeviert oder Tabulator arbeiten. Ändern Sie nämlich später die Schrift oder die Größe, verursachen mehrfache Leerzeichen ein wahres Chaos.
Die nicht umbrechenden Leerräume stellen eine Besonderheit dar. Bei ihnen kann der Text nicht getrennt werden. Wer also den »Dr. Altmeier« in einer Zeile lassen möchte, verwendet zwischen »Dr.« und »Altmeier« ein geschütztes Leerzeichen.

Das ist falsch ! 

Und das ist richtig! 

Die nicht druckbaren Zeichen wie Leerräume oder Tabulatorstopps lassen sich in allen gängigen Programmen sichtbar machen. In Word für Mac drückt man dazu cmd + 8, in Word unter Windows Strg + Umschalt + Plus und in InDesign Alt + Befehl + i.

Die Ellipse …

Die Ellipse wird eingesetzt, um das Auslassen einzelner Buchstaben, eines Wortes oder mehrerer Wörter zu verdeutlichen. Bei der Ellipse sind die fest definierten Abstände zwischen den Punkten optimal. Falsch wäre der Einsatz von drei Satzpunkten ohne Leerzeichen (das wäre zu eng) oder mit Leerzeichen (das wäre zu weit). Beim Auslassen von Buchstaben steht vor beziehungsweise nach der Ellipse kein Leerzeichen, beim Auslassen von Wörtern dagegen wird ein Leerzeichen gesetzt.

Was für eine schöne Sch...
drei Satzpunkte ohne Abstand

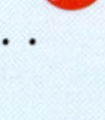

Was für eine schöne Sch . . .
drei Satzpunkte mit Abstand

Was für eine schöne Sch…
die korrekte Ellipse

Sonderzeichen wie ™, ® oder ©

Sie kennen sicher das Unregistered Trademark für eine unregistrierte Warenmarke oder das ® für eine eingetragene Marke. Diese Zeichen und genauso das Copyrightzeichen haben auf der Tastatur eigene Symbole. Wenn Sie die Zeichen benötigen, dann tippen Sie nicht (R), sondern ®. Formatiert werden die Zeichen so wie der Text, aber bei kursiven Schnitten sieht das manchmal merkwürdig aus. Hier entscheide ich mich üblicherweise für die besser aussehende Variante.

© 1998, Boston
(alles in der Times Bold)

© 1998, Boston
(alles in der Times Italic)

© *1998, Boston*
(das © normal, der Rest Italic)

Trotz ihres Oskars 2017 *(The Woman of Wolf)* blieb der große Erfolg aus.

Trotz ihres Oskars 2017 (The Woman of Wolf *[Die Frau in Ketten]*) blieb der große Erfolg aus.

Trotz ihres Oskars 2017 (The Woman of Wolf [*Die Frau in Ketten*]) blieb der große Erfolg aus.

Klammern (Paranthesen)

Drei verschiedene Arten von Klammern stehen uns zur Verfügung. Die **runden Klammern** werden verwendet, wenn Sie etwas erläutern oder ergänzen oder einen Schaltsatz einbauen möchten. Die **eckigen Klammern** kommen bei Erläuterungen von eingeklammertem Text sowie als Auslassung in Zitaten zum Einsatz. Die geschweifte Variante, die **Akkolade**, ist eine verspielte Variante der runden Klammer und kommt in mathematischen Formeln vor, aber auch dann, wenn man mehrere Textzeilen optisch zusammenfassen möchte.
Wie wird die Klammer formatiert? Üblicherweise so wie der Rest des Textes. Ist aber der Text in der Klammer kursiv und der Rest des Textes in einem normalen Schnitt formatiert, wird die Klammer so formatiert wie der einzuklammernde Text. Eckige Klammern hingegen werden aufgrund der Optik häufig nicht kursiviert.

Kaufen Sie jetzt ! ! !
(wirkt unangenehm laut und unhöflich)

Kaufen Sie jetzt!
(orthografisch korrekt und zudem angenehmer)

Der gute Ton

Der Ton macht die Musik. Diese Redewendung ist nicht nur für die Kundenansprache relevant. Zwar findet in einer Broschüre oder auch auf Websites keine gesprochene Sprache statt, aber auch mit Satzzeichen kann man sich angeschrien fühlen. In erster Linie entsteht dieser unangenehme Eindruck durch den inflationären Einsatz des Ausrufezeichens, aber auch das Fragezeichen sollte maximal einmal verwendet werden.

Darf es auch etwas mehr sein?

Mag sein, dass in WhatsApp Satzzeichen in ähnlich rauen Mengen wie Emoticons eingesetzt werden, in seriösen Werbemitteln verspielen Sie damit das Vertrauen Ihrer Kunden.

Maximal ein Ausrufezeichen – ein Satzpunkt hätte hier aber auch genügt.

Klare Schrift, klare Linien

Klarheit in einer Gestaltung entsteht nicht nur durch eine offene Schrift mit klaren, unverspielten Linien, sondern auch durch klare Achsen und die Ordnung der Elemente. Achten Sie bei der Ausrichtung der Bilder und Texte im Detail auf Achsen und Kanten.

Hier schließt nur der Textrahmen oben bündig ab, die eigentliche Schriftkante steht zu tief.

Sauberes Arbeiten

Bei der Ausrichtung von Textkanten sollte nicht nur der Textrahmen, sondern die tatsächliche Kante des Textes optisch angepasst werden. Nur so arbeitet man sauber, und nur so kann ein stimmiges Gesamtbild entstehen.

Die Oberkante der weißen Schrift ist bündig mit der Hilfslinie und somit auch bündig mit dem Bild auf der linken Seite.

Genauer betrachtet: die Bindung – wie halten die Seiten zusammen?

Verschiedene Bindungsvarianten wie die Rückendrahtheftung oder die Klebebindung bringen Seiten zusammen. Entscheiden Sie je nach Produkt und gewünschter Wirkung – und natürlich nach dem zur Verfügung stehenden Budget.

Rückenheftung

Die Rückenheftung mit Klammern oder Ringösen ist eine häufig gewählte Variante für die Bindung von Broschüren. Je nach Papierart und -stärke sind Rückenheftungen auf 60 bis 80 Seiten begrenzt, was bei unserer Broschüre völlig ausreichend wäre.

Klebebindung

Die Klebebindung wird verwendet, wenn der Seitenumfang wie bei Büchern oder umfangreichen Broschüren für die Rückenheftung zu groß ist – oder auch einfach nur, weil man sie bevorzugt. Dabei wird der Rücken aufgeraut und mit Leim bestrichen in den Umschlag geklebt.

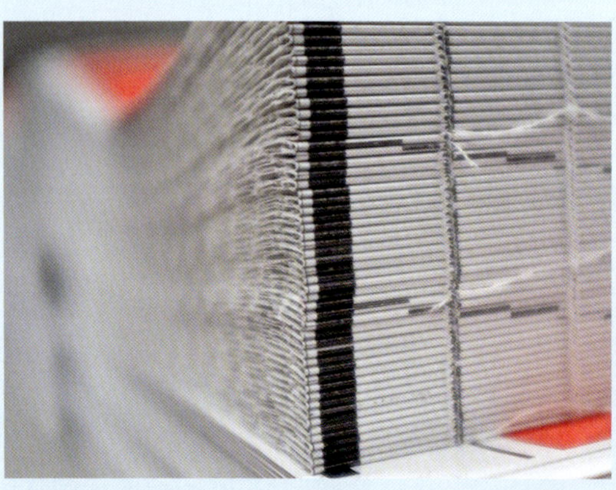

Fadenheftung

Am stabilsten ist in der Regel die Fadenheftung. Dabei werden mehrere Blattlagen in der Mitte im Falz genäht und mit weiteren Lagen verknotet.

Spiralbindung

Die Spiralbindung versprüht etwas Abizeitungscharme, ist aber strapazierfähig und eignet sich gut für Arbeitsmaterialien oder Seminarunterlagen, die problemlos aufgeschlagen bleiben.

Genauer betrachtet: Papier – die Haptik entscheidet mit

Gedruckte Gestaltung hat gegenüber der Online-Gestaltung einen Pluspunkt: Sie wirkt auf einer weiteren Ebene, weil sie einen Sinn anspricht, der bei der digitalen Gestaltung nicht angesprochen werden kann: den Tastsinn.

Neben der Papieroberfläche und der Beschaffenheit spielt auch die Stärke des Papiers eine wichtige Rolle dabei, wie wir das Druckwerk wahrnehmen. Nutzen Sie diese Tatsache, um die Wirkung Ihres Produkts zu unterstützen.

Papieroberfläche

Die Papieroberfläche kann glatt oder rau sein, glänzend oder matt. Matte Papiere fühlen sich aufgrund ihrer offenen Poren meist weicher an. Glänzende oder halbmatt gestrichene Papiere haben hingegen eine geschlossene Oberfläche und wirken technischer.
Grundsätzlich empfiehlt sich ein mattes Papier für textlastige Gestaltungen, da es weniger reflektiert; halbmatte Papiere eignen sich für Text-Bild-Kombinationen, und das glänzende oder hochglänzende Papier empfiehlt sich für einen bildlastigen Hochglanzkatalog genauso wie für diese hochwertige Broschüre.

Papierstärke / Grammatur

Die Grammatur eines Papiers gibt das Gewicht pro Quadratmeter (g/m^2) an, also wie viel ein Bogen des entsprechenden Papiers mit den Maßen 1 × 1 m wiegt. Eine höhere Grammatur bedeutet in der Regel auch höhere Festigkeit, und eine Visitenkarte aus Karton mit beispielsweise 600 Gramm hinterlässt einen anderen Eindruck als eine mit 150 Gramm.

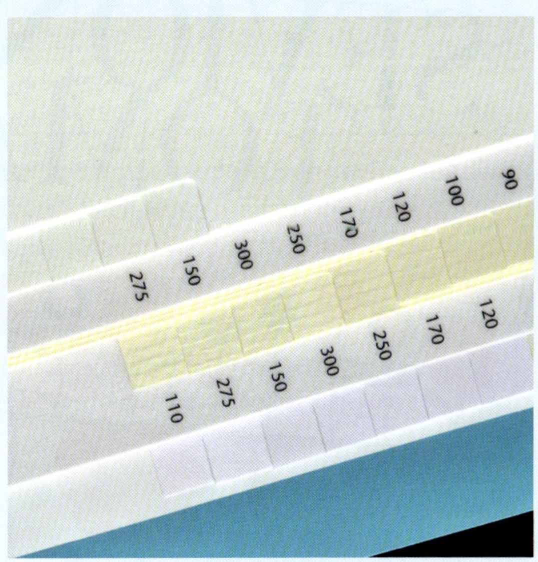

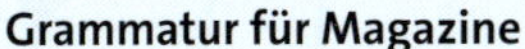

Grammatur für Magazine

Die Grammatur für Magazine liegt in der Regel zwischen 135 und 300 Gramm; hier muss man auch auf den Umfang und die Papieroberfläche achten. Für unsere Broschüre eignet sich beispielsweise eine Grammatur von 170 Gramm mit einer Rückendrahtheftung.

Schriftwahl

Die Wahl der optimal passenden Schrift ist hier eine der größten Aufgaben. Dabei richten wir uns nach der gewünschten Wirkung der Einladung und natürlich nach dem Charakter der Feierlichkeit. Die katholische Taufe ist eine eher traditionelle Feier, und genauso möchte die Familie mit dieser Karte auch wirken. Hier soll also nicht Partystimmung aufkommen oder zu einem lässigen Get-together mit Bier und Gin Tonic eingeladen werden, und auch Babyparty mit Clown und Luftballon ist nicht die richtige Assoziation. Es handelt sich vielmehr um eine klassische, eher elegante Familienfeier mit Kaffee und maximal einem Gläschen Sekt.

Welche Schrift strahlt eine klassisch-konservative Stimmung aus?
Mit dem Begriff klassisch verbindet man in erster Linie Serifenschriften der Schublade 2, aber das heißt nicht, dass Serifenlose sofort aus dem Rennen sind. Auch so manche Schreibschrift hat eine klassische Eleganz und könnte somit auch zur Auswahl stehen.

Sevion und Tomas

Die Akzelerat Condensed ist ein schmaler, serifenloser Schnitt und wirkt etwas trocken und dunkel.

Sevion und Tomas

Die Memphis mit ihren betonten Serifen hat einen etwas lauten Ton und ist mir zu kantig für das Thema.

Sevion und Tomas

Die Yanone Kaffeesatz ist eine Serifenlose mit ganz leichtem Handschriftcharakter und wäre durch ihre individuelle Ausstrahlung durchaus passend, ist aber nicht klassisch.

Sevion und Tomas

Die Titillium wirkt recht technisch und passt wenig zum Thema.

Sevion und Tomas

Die Virtuosa Classic LT Pro als Zeichenfederschrift ist klassisch-elegant, aber auch zierlich und etwas weiblich – nicht die beste Wahl für zwei Jungs.

Sevion und Tomas

Die Giddyup Std eignet sich hervorragend für Kinderpartys, aber nicht für traditionell-klassische Taufen.

Sevion und Tomas

Die Schwabacher als gebrochene Schrift wirkt zwar traditionell, aber gleichzeitig so altertümlich, dass sie für eine Taufe unpassend ist.

SEVION UND TOMAS

Die Cosmic sieht aus wie die Comic Sans und weckt damit, abgesehen von ihrer unsauberen Ausarbeitung, eher Assoziationen zu einem Clown als zu einer Kirche.

SEVION UND TOMAS

Mit der Amatic SC lägen wir nicht so völlig falsch, sie wirkt individuell und trotzdem nicht kindisch, aber es fehlt ihr an klassischer Strenge.

Sevion und Tomas

Die Alegreya ist eine klassische Serifenschrift mit einer ganz leichten Rechtsneigung, was ihr etwas Schwung verleiht – eine gute Variante.

Sevion und Tomas

Auch der kursive Schnitt der Garamond ist klassisch, traditionell und elegant – auch das wäre eine gute Wahl.

Sevion und Tomas

Die Nueva Std Condensed erinnert durch ihre schmalen Buchstaben und den deutlichen Wechselstrich an die Bauweise von Kathedralen und wäre ebenfalls eine gute Option.

Sevion und Tomas

Die Bauer Bodoni ist eine sehr klassische Serifenschrift, und durch den starken Unterschied in den Strichstärken wirkt sie streng, aber auch aktiv.

Sevion und Tomas

Die Big Caslon hat etwas weniger Unterschiede in den Strichstärken, wirkt dadurch ein wenig ruhiger, aber in jedem Fall klassisch-streng und traditionell. Wir entscheiden uns hier für sie.

Schwünge und Harmonien

Die Visitenkarte eines Geigers gestalten

Der Violinist Quinn Quarz möchte für sich Visitenkarten erstellen. Er versteht sich als sensibler Künstler und möchte mit seiner Karte genau diesen Eindruck hinterlassen. Dabei kann die Gestaltung der Karte entweder in die klassisch-strenge oder in die verspielte Richtung gehen; in jedem Fall soll sie individuell und kreativ, aber auch reduziert wirken.

Die Informationsmenge, die auf der Visitenkarte untergebracht werden soll, ist überschaubar, da der Künstler aufgrund seiner Ortsunabhängigkeit keine Adresse angeben möchte; die Gestaltungsherausforderung liegt hier in der harmonischen und leicht anmutenden Aufteilung der Karte und dem spielerisch wirkenden Einsatz der passenden Schrift.

Reduziert, aber nicht nüchtern
Die Vorderseite der Visitenkarte zeigt lediglich den Namen des Künstlers; der Anfangsbuchstabe von Vor- und Nachname wird als schmückendes Element verwendet.

Auf der Rückseite wird das schmückende Element in abgeschwächter Form wiederholt, zudem finden sich hier die weiteren Informationen.

Format und Umfang

Während durch die Digitalisierung in vielen Bereichen die Visitenkarten immer mehr im Rückzug sind, gehören sie in anderen, weniger technikaffinen Branchen immer noch zum guten Ton. Beim Format empfiehlt es sich, klassisch zu bleiben. Eine scheckkartengroße Karte passt in jede handelsübliche Brieftasche und minimiert die Wahrscheinlichkeit, von ihrem potenziellen Kunden nicht eingesteckt zu werden.

Quer oder doch besser hoch?

Das Querformat ist bei Visitenkarten üblicher; ein Hochformat ist aber auch gut möglich, allerdings etwas schwieriger in der Raumaufteilung.

Größeres oder kleineres Format

Ein Format mit 80 × 50 mm ist auch verbreitet, rutscht allerdings dann schneller einmal aus dem Brieftaschenfach. Ein größeres Format sollten Sie vermeiden.

Auch das quadratische Format mit 50 × 50 mm hat einen gewissen Reiz, auch oder gerade weil es sehr unüblich ist. In jedem Fall steht hier wenig Platz zur Verfügung.

Klappkarte

Ob Sie die Visitenkarte ein- oder beidseitig bedrucken, ist Geschmackssache – und abhängig von der Informationsmenge, die es unterzubringen gilt. Wer viele Informationen oder gar Produktbeschreibungen unterbringen möchte, kann auch eine Klappkarte gestalten. Dabei ist das Grundformat mit 170 mm etwa doppelt so breit und wird in der Mitte einmal gefalzt.

Raumaufteilung und Platzierung des »Q«

Wie kommt unser »Q« nun am besten zur Wirkung und kann seine Aufgabe als schmückendes Element und Blickfang der Visitenkarte am besten übernehmen? Da ist zum einen die Größe, zum anderen die Platzierung der Schrift, die zusammen die Wirkung beeinflussen.

Achtung, Fallstricke!

Da nicht nur das »Q«, sondern auch der Name auf der Vorderseite platziert werden soll, testen wir beide Elemente gemeinsam. Wir experimentieren mit Größe und Stand des »Q« und entsprechenden Variationen des Namens. Fallstricke sind optische Löcher, falsch gesetzte Schwerpunkte oder auch einfach ein fehlendes Zusammenspiel der beiden Elemente.

optisches Loch

Eine große Leere auf der rechten Seite der Karte wirkt wie ein optisches Loch. Grundsätzlich lässt sich festhalten: Freier Raum wirkt am linken Rand angenehm luftig, rechts erscheint er unangenehm löchrig.

wirkt etwas verloren

Der Schweif des »Q« sollte in jedem Fall präsent sein – die Lösung, dass ein kleiner Teil des oberen »Q« angeschnitten wird, ist nicht die schlechteste. Allerdings steht der Name etwas verloren am unteren Rand.

Die Aufteilung ist harmonisch, aber nicht ganz optimal; der linke Bereich wird als freier Raum wahrgenommen, allerdings ist am rechten Rand relativ viel Luft.

Das schmückende »Q« angeschnitten ist auch immer ein gutes Gestaltungsmittel, in diesem Fall ist aber so wenig davon zu sehen, dass nicht klar wird, ob es sich überhaupt um ein »Q« handelt.

Harmonisch fügt sich der Name in den Schweif des »Q« ein. Eine gute Lösung, allerdings wirkt die äußere Papierkante der Visitenkarte wie eine Art Begrenzung für das »Q«.

Feinjustierung und Betonung der Informationen

Da der Geiger international unterwegs ist, möchte er lediglich eine E-Mail-Adresse, aber keine postalische Adresse auf der Visitenkarte angeben. Die wenigen Informationen lassen sich gut in einer Zeile unterbringen.

Wie man die Informationen gliedert, ist Geschmackssache – am häufigsten kommen hier der Punkt auf Mitte oder auch ein senkrechter Trennstrich zum Einsatz. Die Telefonnummer sollte man idealerweise gliedern.

internationale Vorwahl

senkrechte Trennstriche als Gliederung

Quinn Quarz | Geiger | +49171/67789832 | quinn@quarz.net

Quinn Quarz | Geiger | +49171/67789832 | quinn@quarz.net

ein Leerzeichen vor und nach dem Strich

Für die Abstände vor und nach dem senkrechten Trennstrich sollte man nicht zwingend ein Leerzeichen verwenden – je nach Schrift kann das zu groß oder zu klein wirken.

Quinn Quarz | Geiger | +49171/67789832 | quinn@quarz.net

Quinn Quarz | Geiger | +49171/67789832 | quinn@quarz.net

Wortzwischenraum plus ein Achtelgeviert – die bessere Lösung

Quinn Quarz | Geiger | +49 171 / 67 78 98 32 | quinn@quarz.net

Quinn Quarz | Geiger | +49 171 / 67 78 98 32 | quinn@quarz.net

Viertelgevierte

Für die Gliederung der Telefonnummer dienen in der Regel Achtel- oder Viertelgevierte. Je nach Schrift kann es auch sinnvoll sein, abhängig von der Ziffer größere und kleinere Abstände zu mischen.

Quinn Quarz | Geiger | +49 171 / 67 78 98 32 | quinn@quarz.net

Fira Bold

Fira Light

Damit der Name deutlicher hervortritt, zeichnet man ihn in einem anderen Schnitt aus, was bei der großen Familie der Fira kein Problem darstellt.

Transparenzen für die Lesbarkeit

Die Zeile ist fertig, nun muss nur noch unser Gestaltungselement »Q« untergebracht werden. Wir wollen es genauso platzieren wie auf der Vorderseite. Damit sich das weiße »Q« und die Textzeile nicht in die Quere kommen, füllen wir das »Q« nicht mit Weiß, sondern mit einem aufgehellten Blau. Ein guter Nebeneffekt dabei ist, dass durch diese Farbreduzierung die Rückseite insgesamt zurückhaltender wirkt und nicht mit der Vorderseite konkurriert.

Weiße Füllung gleichzeitig für Schmuck und Textzeile funktioniert nicht.

Der weiße Text an einer anderen Stelle platziert und in drei Zeilen unterteilt, würde auch funktionieren, die Zeilen würden sich dann allerdings nicht schön in den Schwung einfügen. Vorder- und Rückseite fordern zudem in diesem Fall aus gestalterischer Sicht die gleiche Aufmerksamkeit, was ja nicht gewünscht ist.

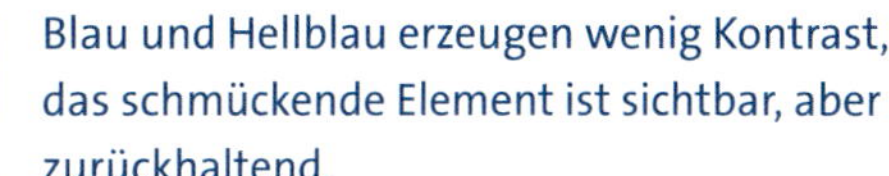

Blau und Hellblau erzeugen wenig Kontrast, das schmückende Element ist sichtbar, aber zurückhaltend.

Die weiße Schrift lässt sich auch auf dem Hellblau lesen.

Genauer betrachtet: Veredelung, Haptik und Wirkung

Visitenkarten auf sehr dickem Papier heben sich von der Masse ab. Mit beispielsweise 650 g/m² stechen sie sicherlich hervor. Je nach Beruf und gewünschter Außenwirkung kann es sich auch lohnen, in eine Veredelung Ihres Printprodukts zu investieren. Gerade für Visitenkarten gibt es geschmackvolle, interessante und auch verrückte Varianten, die Ihrem Produkt eine besondere Wirkung verleihen. Und die Haptik ist einfach ein unschlagbarer Vorteil der Printprodukte gegenüber der Digitalisierung, den Sie nutzen sollten.

Prägedruck

Bei der Prägung wird die Oberfläche des Papiers mit einem Prägewerkzeug verformt. Das funktioniert als Hoch- oder Tiefprägung, das Ergebnis ist tast- und sichtbar. Was dabei geprägt wird, ist Geschmackssache – es können druckende Elemente wie das Logo oder der Name geprägt werden, aber, wie bei der Blindprägung auch, nicht druckende Elemente, die nur durch die Prägung sichtbar werden.

www.praegerei.de

Laserstanzung

Mit dem Laser können ganze Bereiche aus dem Papier herausgearbeitet werden. Auch ganz filigrane Muster und kleine Schriften lassen sich mit diesem Verfahren sauber herausschneiden.

www.praegerei.de

Farbschnitt

Beim Farbschnitt wird die Schnittkante des verwendeten Papiers eingefärbt. Das ist besonders bei stärkerem Papier ab 0,3 mm Stärke sinnvoll und hinterlässt einen besonderen Eindruck.

www.praegerei.de

Heißfolienprägung

Die Heißfolienprägung eignet sich besonders gut, um farbige oder metallische Akzente zu setzen. Dabei wird eine farbige Folie auf das Papier gedrückt, wobei auch mehrere Folien aufgebracht werden können. Auch die Kombination einer Hochprägung mit einer glänzenden Folie ist eine stilvolle Variante.

www.praegerei.de

UV-Spotlack

Für den Einsatz von Lack sind kaum Grenzen gesetzt. Ihr Produkt kann stellenweise oder komplett, mit oder ohne Farbe, glänzend oder matt lackiert werden. Beim UV-Spotlack handelt es sich um farblosen Lack, der eine hochglänzende, partielle Beschichtung erlaubt.

www.praegerei.de

Duft und Material

Stellen Sie sich vor, Sie erhalten eine Visitenkarte eines Blumenladens, die nach Blumen duftet, oder die Visitenkarte eines Cafés mit dem Duft von frischen Kaffeebohnen. Nicht schlecht, oder? Dabei wird ein Duftlack vollflächig auf die Karte aufgetragen, und durch ein leichtes Reiben der Oberfläche wird der Duft freigesetzt. Und wer sagt überhaupt, dass Visitenkarten immer auf Papier gedruckt werden müssen? Was halten Sie von Leder, Plastik, Metall, Holz oder Esspapier? Aus produktionstechnischer Sicht sind Ihrer Fantasie nur wenige Grenzen gesetzt.

www.printweb.de

Die Top-Tipps zur Gestaltung einer Visitenkarte

1. Halten Sie die Gestaltung eher einfach. Drei Schriften und vier Farben sind für eine Visitenkarte ebenso wenig geeignet wie für anderen Printprodukte.
2. Logo und Slogan müssen nur einmal auf der Visitenkarte erscheinen.
3. Die Drittelteilung hilft bei der Raumaufteilung der Visitenkarte, ist aber nicht immer zwingend notwendig.
4. Prüfen Sie, ob die von Ihnen geplante Veredelung tatsächlich zum Unternehmen passt.

Ein Briefbogen nach DIN-Norm

Das Geschäftspapier eines Rollerverleihs entwerfen

Visitenkarten und Briefpapier gehören zur absoluten Basis einer jeden Geschäftsausstattung. Und für ihre Gestaltung wiederum muss das Corporate Design eines Unternehmens bereits festgelegt sein, also Hausfarbe, -schrift und eventuell ein Logo oder Slogan. Wir erarbeiten ein Corporate Design für einen Rollerverleih, der Elektroroller im 60er-Jahre-Stil verleiht, und erstellen dann einen Briefbogen, der sich an den DIN-Vorgaben orientiert.

Roll by e-Ro
e-Ro Rollerverleih · Schonstraße 40 · 12876 Berlin
e-Ro Rollerverleih
Bernd Zauberfest
Schonstraße 40
12876 Berlin
tel. 030/655 49 39
mail@eroroller.net
Berliner Sparkasse
IBAN
DE64 9876 6543 9876 0987 87

Im Retro- und DIN-Look
Der Briefbogen ist im Retro-Stil gestaltet, Logo und Schriftzug sind aufeinander abgestimmt. Der gewünschte Retro-Stil wird durch die Farben, die Grafik und die verwendeten Schriften erzielt.
Durch die Anordnung der Texte gemäß DIN-Norm lässt sich der Briefbogen in DIN-lang-Umschlägen mit Fenster versenden.

Den richtigen Stil finden

Wenn Elemente wie Grafiken oder auch Schriften bereits vorhanden sind oder vom Kunden explizit gewünscht werden, sollte man den Stil des Elements analysieren und als Basis für die weiteren Elemente verwenden, um eine unvorteilhafte Stilmischung zu vermeiden.

Der Betreiber des Rollerverleihs benötigt ein Corporate Design. Ein Stilelement ist bereits vorhanden, nämlich die stilisierte Zeichnung eines Rollers im Retro-Look, die wir im Logo verwenden werden. Alle anderen Elemente gilt es noch zu finden.

Lieblingsfarben kontra gewünschte Außenwirkung

Neben dem Stil des bereits vorhandenen Elements muss natürlich auch die gewünschte Außenwirkung beachtet werden. Wenn Sie sich die Farben Gelb und Orange in Ihrem Corporate Design wünschen, möchten aber seriös und vertrauenerweckend wirken, sollten Sie trotz aller Vorlieben Ihre Farbwahl noch einmal überdenken. Das Gleiche gilt natürlich für Schriften und andere Stilmittel.

Retro-Stil

Den Retro-Stil der Illustration wollen wir aufgreifen und bei der Farb- und Schriftwahl beachten, denn er stimmt mit der gewünschten Außenwirkung überein – die zu verleihenden Roller sind Oldtimer, und der Inhaber möchte das auch nach außen vermitteln.

Die Illustration ist monochrom und hat eine spezielle Strichführung, wodurch der Retro-Look entsteht. Sie entspricht nicht ganz den Vorgaben für ein optimales Logo, da hier relativ filigran und detailreich gearbeitet wurde – das ist aber recht typisch für den Retro-Look. Wir werden den Schriftzug »Roll by e-Ro« noch in einer passenden Schrift hinzufügen. Er soll das Logo ergänzen, aber auch frei stehend funktionieren.

Die passende Farbe

Der Retro-Stil verwendet entsättigte Bilder sowie dunkle und gedeckte Farben, viel Schwarz, Grau und Weiß. Häufig wird auch mit Pastellfarben gearbeitet.

Für die Flexibilität ist es von Vorteil, wenn wir eine helle und eine dunkle Farbe auswählen. Alternativ kann man auch die dunkle Farbe mit reduzierter Deckung einsetzen.

eine Auswahl an Farben mit dem Charme der 60er-Jahre

Wir entscheiden uns für das helle Grün und ein Grafitgrau. Die beiden Farben harmonieren gut miteinander. Das Grau ist so dunkel, dass wir es für die gesamte Schrift verwenden können und kein zusätzliches Schwarz benötigen.

Genauer betrachtet: der Briefbogen nach DIN-Vorgaben

Wer seine geschäftlichen Anschreiben und Rechnungen auf einem Briefbogen versenden möchte, sollte ihn gemäß DIN-Norm 5008 erstellen. Grundsätzlich arbeitet man bei einem Briefbogen mit dem Format DIN A4 im Hochformat. Üblich ist hier die Gestaltung gemäß DIN 5008, Formblatt B, bei dem das Anschriftenfeld 50 mm vom oberen Rand beginnt.

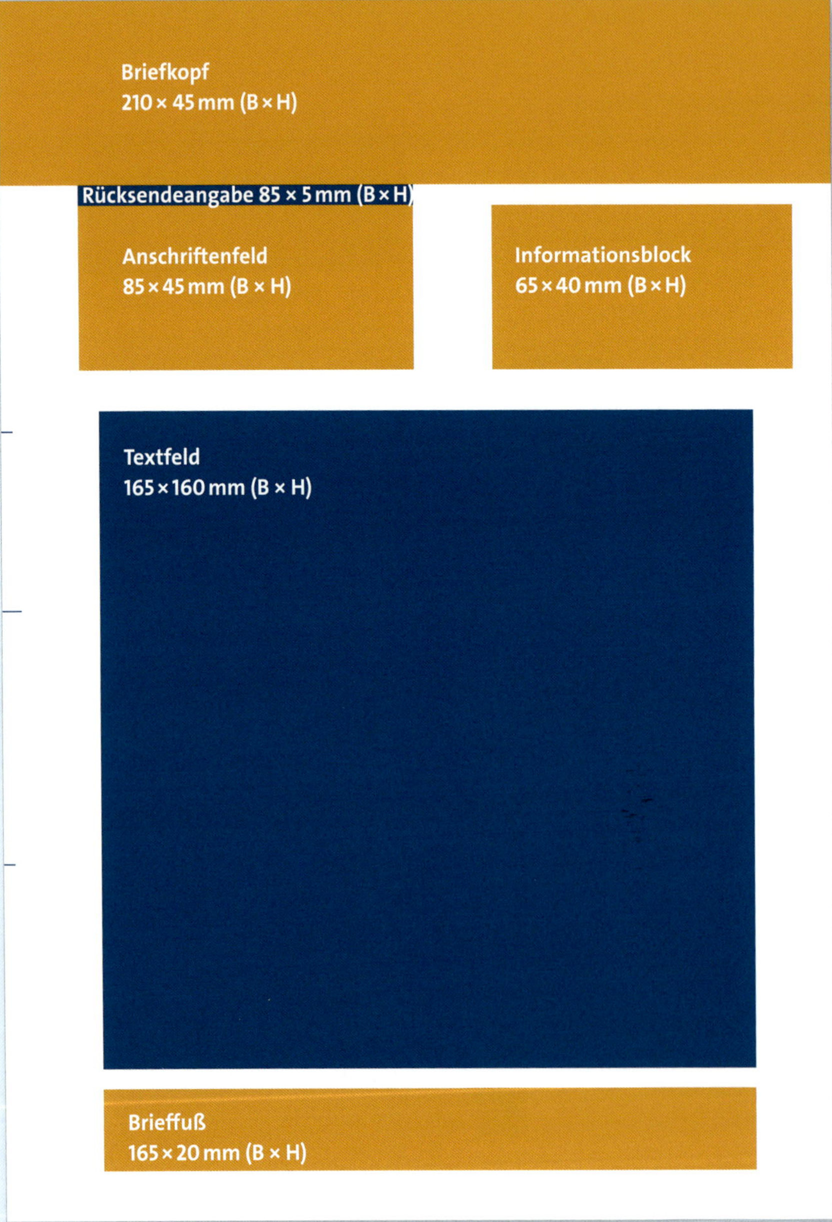

Abweichende Maße

Nicht alle Maße sind in der DIN-Norm fest vorgeschrieben; so kann beispielsweise die Höhe des Anschriftenfeldes um 5 mm variieren.

Briefkopf
X: 0 mm; Y: 0 mm; Breite: 210 mm; Höhe: 45 mm

Die oberen 45 mm des Briefbogens ab der Papierkante gehören dem Briefkopf. Hier können Sie sich gestalterisch austoben und das Logo, den Firmennamen, einen Slogan und andere Elemente gemäß dem Corporate Design auf der gesamten Breite platzieren.

Rücksendeangabe / Absender
X: 20 mm; Y: 45 mm; Breite: 85 mm; Höhe: 5 mm
Das Fenster eines Umschlags im Format DIN lang hat eine Breite von 90 mm.

Die Rücksendeangaben enthalten den Namen / die Firma sowie die Adresse; die Informationen werden häufig mit einem Punkt auf Mitte oder auch mit Komma voneinander abgeteilt.

Anschriftenfeld
X: 20 mm; Y: 63 mm; Breite: 85 mm; Höhe: 27 mm
Das Fenster eines Umschlags im Format DIN lang hat eine Breite von 90 mm, innerhalb der die Anschrift gut sichtbar sein muss.

Nach der Rücksendeangabe sollten ca. drei Leerzeilen folgen, dann folgt die Anschrift. Um der Post ein maschinelles Verarbeiten zu ermöglichen, muss der Anschriftentext linksbündig und ohne Leerzeilen eingegeben werden. Wählen Sie die Schriftgröße, den Schnitt und den Zeilenabstand einheitlich, und verwenden Sie nur lateinische Zeichen und arabische Ziffern.

Informationsblock
X: 125 mm; Y: 50 mm; Breite: 75 mm; Höhe: 40 mm
Der Informationsblock ist optional und kann individuell zusammengestellt werden.

Der Informationsblock enthält Angaben wie »Ihr/ Unser Zeichen«, »Nachricht vom …«, Bestellnummer, Bestelldatum, Kundennummer, Datum etc.

Textfeld
X: 25 mm; Y: 100 mm; Breite: 165 mm; Höhe: 160 mm

Der Textblock ist in der Höhe variabel, und auch der genaue Startpunkt von oben ist etwas flexibel.

Brieffuß
X: 25 mm; Y: 100 mm; Breite: 165 mm; Höhe: 20 mm
Die Informationen im Brieffuß können in Blöcke unterteilt angeordnet werden.

Je nach Unternehmensart muss der Briefbogen Angaben zu Geschäftsführern, Handelsregisternummern und anderen Informationen enthalten; auch die Bankverbindung kann hier unten platziert werden.

Falt- und Lochmarke (optional)
Faltmarken: Y: 105 mm und 210 mm;
Lochmarke: Y: 148,5 mm

Die zwei Faltmarken markieren die Stellen, an denen der Briefbogen gefaltet werden muss, um in den standardisierten Briefumschlag im Format DIN lang zu passen. Die Lochmarke zeigt an, wo man den Locher ansetzen muss.

Im Gestaltungsraster arbeiten

Die Broschüre eines Reisebüros designen

Für die Broschüre eines Reiseanbieters bringen wir verschiedene Arten von Inhalten in ein harmonisches Verhältnis. Die Frage nach der passenden Textausrichtung muss geklärt werden; die größte Herausforderung jedoch ist der Umgang mit den vielen Bildern und anderen grafischen Objekten. Das kleinteilige Layout mit relativ wenig Text braucht einen Satzspiegel und ein Gestaltungsraster, um die nötige Struktur zu erhalten.

Gut gefüllt, aber mit Struktur
Seiten mit vielen kleinen Elementen müssen besonders gut strukturiert werden, um nicht chaotisch zu wirken.

Arbeiten Sie mit einem Gestaltungsraster

Das Reisebüro muss in seiner Broschüre viele verschiedene Informationsarten unterbringen. Natürlich arbeiten wir bei dem Thema Reise mit vielen Bildern, aber auch mit Tabellen, Preislisten, Infokästen, Grundtexten und anderen Elementen, die den Leser über das Reiseziel informieren und sein Interesse wecken sollen. Bei einer solch kleinteiligen Arbeit kann man von einem Gestaltungsraster nur profitieren. Als Ordnungs- und Layouthilfe vermeidet die Arbeit mit dem Raster eine ungeordnet wirkende Platzierung der Elemente und erleichtert die Informationsaufnahme für den Betrachter. Das Raster kann aber immer nur eine Stütze sein und nicht das typografische und grafische Auge ersetzen.

Die bedruckte Fläche festlegen – der Satzspiegel

Das Gestaltungsraster geht einher mit dem Satzspiegel. Ohne Satzspiegel, also ohne das Festlegen des zu bedruckenden Bereichs, kann es kein Gestaltungsraster geben. Während der Satzspiegel die äußere Form definiert, legt das Gestaltungsraster die Unterteilung innerhalb des Satzspiegels fest. Als Satzspiegel bezeichnet man die bedruckte Fläche einer Gestaltung. Bei mehrseitigen Dokumenten wie unserer Broschüre legen wir den Satzspiegel zu Beginn fest. So wird nicht nur eine optimale und angemessene Seitenausnutzung vereinfacht, sondern auch die Voraussetzung dafür geschaffen, dass alle Seiten die gleiche Ausnutzung haben und miteinander harmonieren. Die Pagina liegt bei uns außerhalb des Satzspiegels.

Satzspiegel und Stege
Der Satzspiegel ist transparent orange markiert. Auch außerhalb des Satzspiegels dürfen Elemente platziert werden wie hier die Bilder.
Die freien Stege haben etwa ein Größenverhältnis von 2:3:4:6, innen beginnend, im Uhrzeigersinn verlaufend.

Genauer betrachtet: Wege zum Satzspiegel

Der Satzspiegel als Nutzfläche Ihrer Gestaltung kann auf mehreren Wegen festgelegt werden. Grundsätzlich sollten Sie vorab klären, ob Sie eher viel oder wenig Raum zur Verfügung haben. Auch die Art der Gestaltung spielt eine Rolle dabei, wie groß der Satzspiegel werden sollte: Ein Magazin mit vielen kleinen Elementen und Grafiken kann einen größeren Satzspiegel vertragen, weil die kleinteilige Gestaltung viel Freiraum mitbringt. Hingegen sollte bei einer vollflächigen Textgestaltung wie bei einem Roman ein kleiner Satzspiegel mit größeren Rändern festgelegt werden.

Innen, oben, außen, unten

Der Satzspiegel definiert den bedruckten Bereich einer Seite. Dadurch entstehen automatisch vier Abstände zwischen dem bedruckten Bereich und der Papierkante oder bei Websites der Seitenkante, die **Stege** genannt werden. Bei doppelseitigen Gestaltungen sollten die Stege grundsätzlich innen und oben kleiner sein als außen und unten. Würde man die Inhalte exakt mittig platzieren, würden sie zu schwer wirken.

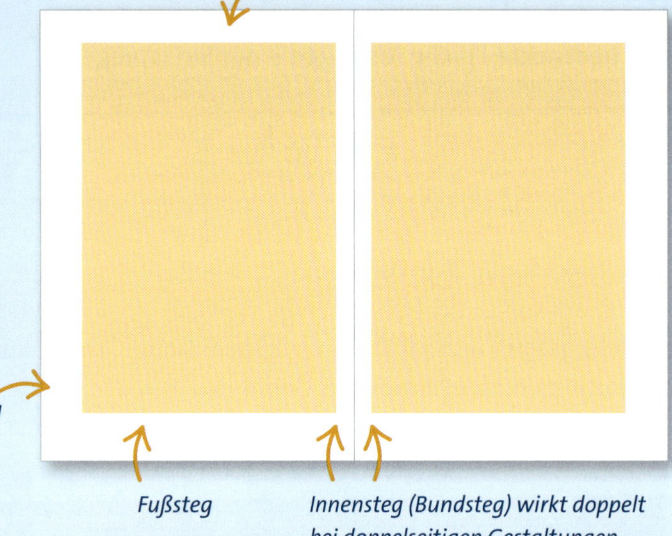

Einseitiger Satzspiegel mit Zahlenreihe

Bei einseitigen Dokumenten können die Stege links und rechts gleich groß sein; der Kopfsteg ist etwas kleiner oder gleich groß, und der Fußsteg ist am größten. Sie können folgende Zahlenreihe verwenden (in der Reihenfolge links : oben : rechts : unten): **2 : 2 : 2 : 3**

Die Zahlen der Reihe stehen nicht für Maße, sondern für das Verhältnis der Stege zueinander.

Doppelseitiger Satzspiegel mit Zahlenreihe

Bei doppelseitigen Gestaltungen lautet die Zahlenreihe (in der Reihenfolge innen : oben : außen : unten): **2 : 3 : 4 : 5**

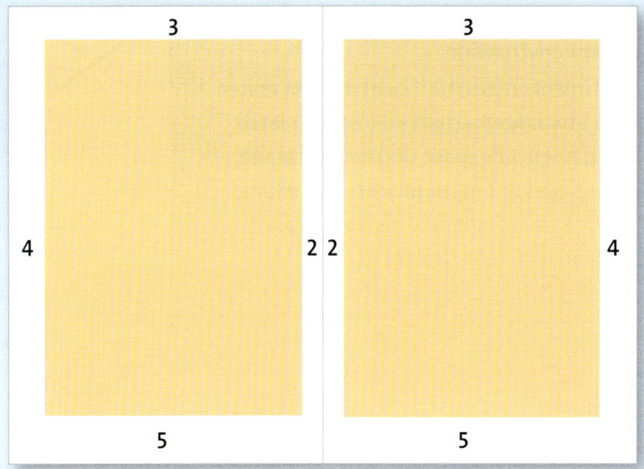

Der hier entstandene Satzspiegel ist relativ groß und dann geeignet, wenn Sie viele Informationen unterbringen müssen oder sehr kleinteilig arbeiten.

Für einen kleineren Satzspiegel mit größeren Stegen beziehungsweise mehr Weißraum vergrößern Sie einfach alle vier Maße im gleichen Verhältnis.

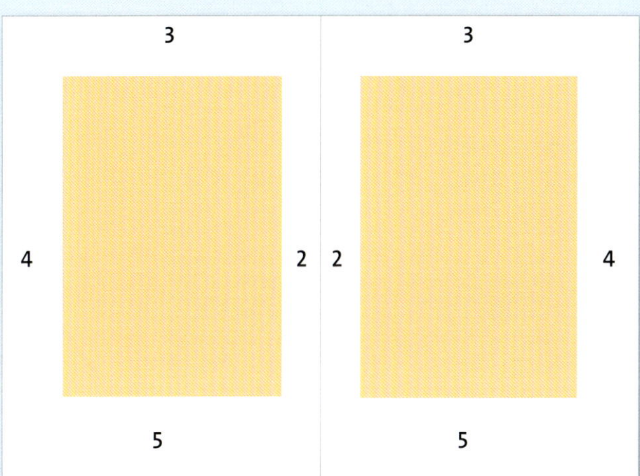

Neuner Teilung

Eine der Möglichkeiten, um einen Satzspiegel zu generieren, ist die Neuner-Teilung, wobei hier genau genommen nicht der Satzspiegel, sondern die Bünde generiert werden. Dabei wird die Seite horizontal sowie vertikal in neun gleich breite Rasterfelder unterteilt. Oben und innen werden jeweils ein Rasterfeld, außen und unten jeweils zwei Rasterfelder freigehalten. Der auf diese Weise entstandene Satzspiegel ist relativ klein und wird bei genügend Platz eingesetzt.

Das Gestaltungsraster definieren

Auf den Satzspiegel folgt das Gestaltungsraster. Die Unterteilung in Gestaltungsrasterspalten entspricht nicht der Unterteilung in Textspalten. Während der Text je nach Format in zwei, drei oder maximal vier Spalten unterteilt wird, können und sollten die Spalten des Gestaltungsrasters feiner unterteilt werden. Nur dann ist die Flexibilität des Rasters ausreichend.

Das Gestaltungsraster enthält folgende Informationen:

- Anzahl der Textspalten
- Größe der Abstände zwischen den Spalten
- weitere horizontale Unterteilung
- Grundlinienraster
- vertikale Unterteilung

Das Gestaltungsraster kann die Konsistenz einer Gestaltung unterstützen. Es entsteht jedoch durch eine strenge Anwendung des Rasters nicht automatisch gutes Design.

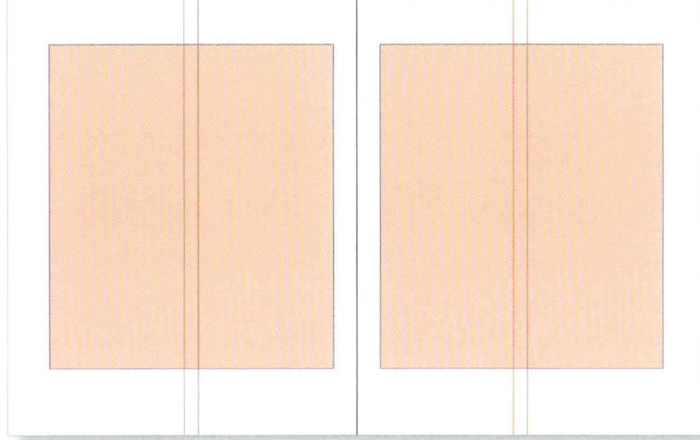

Der Satzspiegel mit zwei Textspalten. Der Spaltenabstand beträgt 5 mm.

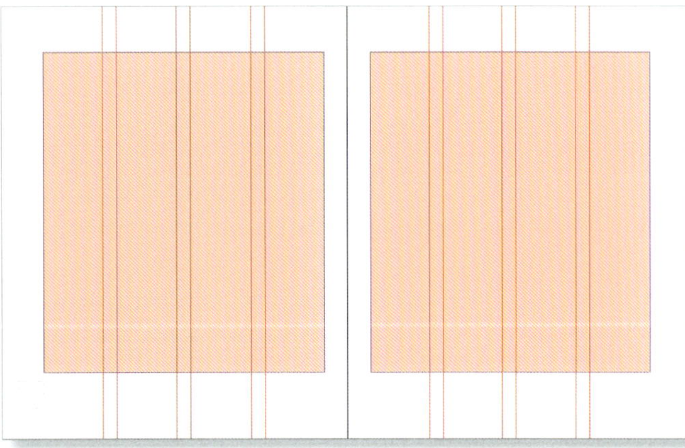

Die beiden Textspalten werden halbiert, sodass in der Horizontalen vier Spalten entstehen. Diese Unterteilung ist Teil des Gestaltungsrasters und hat keinen Einfluss auf die Textspaltenbreite. Auch eine noch feinere Unterteilung wäre möglich.

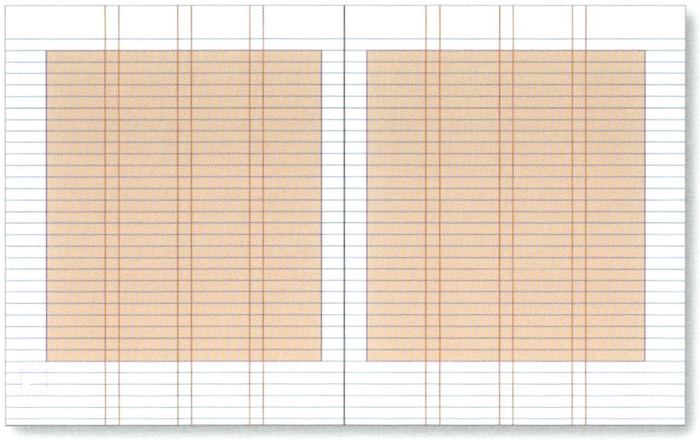

Das Grundlinienraster wird mit einem Abstand von 14 Punkt definiert, was dem Zeilenabstand des Grundtextes entspricht. Sollte sich die Grundtextgröße und somit auch die Größe des Zeilenabstands verändern, muss im Zweifelsfall das gesamte Raster nachjustiert werden.

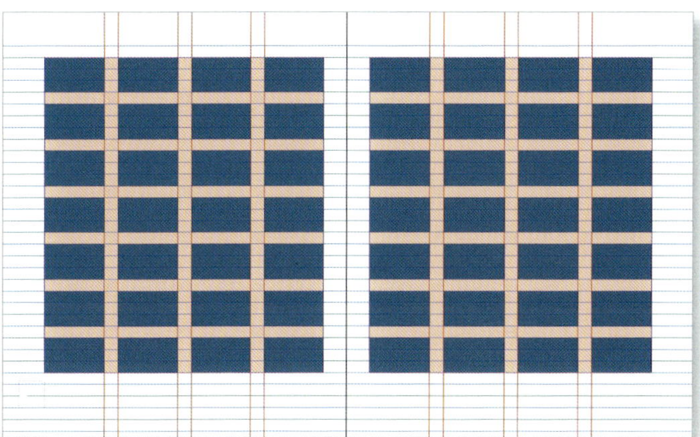

Die vertikale Strecke wird nun in Zellen unterteilt, in diesem Fall entspricht eine Zelle drei Zeilen. Häufig wird bei dieser Unterteilung als Basis die Höhe des kleinsten Bildes oder Kastens verwendet. Je kleiner die Zelle, umso flexibler ist man in der Gestaltung, umso eher verliert das Gestaltungsraster aber auch seine Berechtigung: wenn man zu kleinteilig arbeitet, kann schnell wieder eine zu große Unordnung entstehen.

Zur Verdeutlichung vorweggenommen

Zur Verdeutlichung greife ich etwas vorweg und lege das Raster auf eine gestaltete Doppelseite. Die Hauptelemente bewegen sich innerhalb des Rasters beziehungsweise in Rasterschritten.

Genauer betrachtet: die Textausrichtung

Mehrere untereinanderstehende Textzeilen sind nicht automatisch gleich lang. Der Anwender kann entscheiden, ob sie trotzdem in die gleiche Länge gezwungen werden wie beim Blocksatz oder ob sie ihren natürlichen Lauf behalten sollen. Dieser wiederum weist eine Achse auf, die sich beim linksbündigen Satz an der linken Kante, beim zentrierten Satz in der Mitte und beim rechtsbündigen Satz an der rechten Kante befinden kann. Wer ganz auf Achsen verzichten will, arbeitet mit dem freien Satz.

Kreta, die größte Insel Griechenlands, ist für ihre vielfältige Landschaft bekannt, die vom feinsandigen Strand in Elafonisi bis zu den Weißen Bergen reicht. Das Ida-Gebirge ist das höchste Gebirge der Insel. In der Hauptstadt Heraklion befinden sich das renommierte Archäologische Museum mit minoischen Artefakten

Bund steht links.

Flatterbereich: Distanz zwischen kürzester und längster Zeile

Linksbündiger Satz

Bei linksbündigem Text starten die Zeilen an einem linken Bund und flattern nach rechts aus. Je nachdem, wie stark beziehungsweise kontrolliert sie flattern, nennt man den Satz linksbündig (übliche Bezeichnung) oder auch Rausatz (weniger üblich, aber korrekt, wenn die Satzkante sehr rau erscheint und der Flatterbereich klein ist).

Der linksbündige Satz ist neben dem Blocksatz die häufigste Satzart. Die lateinische Schrift ist eine waagerechte, rechtsläufige Schrift, wird also von links gelesen. Wenn dort auch der Bund ist, findet das Auge leicht den Startpunkt einer jeden neuen Zeile.

Kreta, die größte Insel Griechenlands, ist für ihre vielfältige Landschaft bekannt, die vom feinsandigen Strand in Elafonisi bis zu den Weißen Bergen reicht. Das Ida-Gebirge ist das höchste Gebirge der Insel. In der Hauptstadt Heraklion befinden sich das renommierte Archäologische Museum mit minoischen Artefakten

Flatterbereich

Bund steht rechts.

Rechtsbündiger Satz

Bei rechtsbündigem Text starten die Zeilen an einem rechten Bund und flattern entsprechend nach links. Auch hier unterscheidet man zwischen Rausatz und Flattersatz beziehungsweise rechtsbündigem Satz.
Der rechtsbündige Satz ist für uns schwer zu lesen. Der Leser muss bei jeder neuen Zeile den Startpunkt suchen, was den Lesefluss stört. Je stärker der Satz flattert, umso schwerer wird diese Aufgabe. Der Einsatz des rechtsbündigen Satzes ist somit auf einzelne wenige Zeilen zu beschränken – in einer Einladung, in einer Geburtstagskarte oder als Zitat in einer Broschüre. Für längere Fließtexte ist er in jedem Fall zu vermeiden.

Begleiten Sie uns
bei unserem Jubiläum der
ganz besonderen Art.

Bei wenigen Worten beziehungsweise Zeilen, bei denen der Zeilenfall manuell vorgenommen wird, fühlt sich der rechtsbündige Satz gut aufgehoben.

Blocksatz

Beim Blocksatz sind alle Zeilen (bis auf die letzte Zeile in einem Absatz) gleich lang. Da dies nicht automatisch der Fall ist, erlaubt man der Software, verschiedene Variablen zu ändern, bis die Zeilen die gewünschte Länge aufweisen. Die Variablen und somit auch das Ergebnis sind abhängig von der verwendeten Software.
Der Blocksatz ist eine der gebräuchlichsten Satzarten und – solange er gut eingestellt wurde – neben dem linksbündigen Satz gut lesbar. In jeder Anwendung haben Sie zumindest über die Silbentrennung Einfluss darauf, wie der Blocksatz erzielt wird.

Kreta, die größte Insel Griechenlands, ist für ihre vielfältige Landschaft bekannt, die vom feinsandigen Strand in Elafonisi bis zu den Weißen Bergen reicht. Das Ida-Gebirge ist das höchste Gebirge der Insel. In der Hauptstadt Heraklion befinden sich das renommierte Archäologische Museum mit minoischen Artefakten so-

Bund steht links und rechts.

Je mehr Trennungen, umso weniger unschöne Lücken im Text – allerdings erschweren die Trennungen auch den Textfluss. Viele Trennungen sind also nicht die Lösung für unschönen Blocksatz.

Kreta, die größte Insel Griechenlands, ist für ihre vielfältige Landschaft bekannt, die vom feinsandigen Strand in Elafonisi bis zu den Weißen Bergen reicht. Das Ida-Gebirge ist das höchste Gebirge der Insel.

Ausgefeiltere Layoutprogramme bieten mehr Optionen, um einen gut lesbaren Blocksatz zu erzeugen. In InDesign lässt sich neben den Einstellungen zur Silbentrennung mit weiteren Variablen arbeiten. Das sind:

- die Abstände zwischen den Buchstaben
- die Abstände zwischen den Wörtern
- das Verändern der Buchstabenform

Während das Verändern der Buchstabenform nur in Ausnahmefällen erfolgen sollte, ist das Arbeiten mit den Buchstaben- und Wortabständen üblich und sinnvoll. Dabei empfehle ich eine Mischung beider Variablen, wobei in erster Linie die Wortabstände variieren sollten; die Abstände zwischen den einzelnen Buchstaben sollten nur minimal veränderbar sein, damit die Worte nicht gesperrt wirken oder ineinanderlaufen. Gute Einstellungen für die Wortzwischenräume sind als Minimum 75 %, als Optimum 100 % und als Maximum 130 %. Die Buchstabenabstände sollten um maximal 5 % verändert werden.

Kreta, die größte Insel Griechenlands, ist für ihre vielfältige Landschaft bekannt, die vom feinsandigen Strand in El-

Veränderung auf die Wortabstände beschränkt

Kreta, die größte Insel Griechenlands, ist für ihre vielfältige Landschaft bekannt, die vom feinsandigen Strand in El-

Veränderung auf die Zeichenabstände beschränkt

Kreta, die größte Insel Griechenlands, ist für ihre vielfältige Landschaft bekannt, die vom feinsandigen Strand in El-

Veränderung von Wort- und Zeichenabständen

Die Schrift für die Überschriften

Neben der etwas nüchtern wirkenden Saira suchen wir eine weitere Schrift, die mit einem schmückenden Charakter als Blickfang fungiert und gute Laune sowie eine fröhliche Unbekümmertheit, die man mit Urlaub, Sonne und Strand verbindet, ausstrahlt.

Was passt zum Thema Strandurlaub, und wer verträgt sich mit der Saira?
Die Saira ist eine unkomplizierte, neutrale Serifenlose, die sich mit nahezu allen Schreib- und Schmuckschriften verträgt. Wir können also an Sandfüße denken und aus dem Vollen schöpfen. Aufgrund der vielen großflächigen Bilder sollte die Schrift auch in Weiß funktionieren.

Sie haben Fernweh, wissen aber nicht, wohin die Reise gehen soll? Lassen Sie sich

Die Wasted hat eine auffällig gleichbleibende Strichstärke, was ihr den Handschriftcharakter ein wenig nimmt. Sie wirkt uns zu aufgeräumt und genormt.

Sie haben Fernweh, wissen aber nicht, wohin die Reise gehen soll? Lassen Sie sich

Fredericka the Great ist eine hübsche Schmuckschrift mit großem Einsatzgebiet – für unsere Zwecke hat sie zu wenig Urlaubscharakter und Lebendigkeit.

Sie haben Fernweh, wissen aber nicht, wohin die Reise gehen soll? Lassen Sie sich

Eine Handschrift ja, eine zierliche Schreibschrift mit dieser starken Rechtsneigung – nein, das erinnert mich mehr an weiße Stoffservietten und Stehkragen als an sandige Füße und Quallen.

Sie haben Fernweh, wissen aber nicht, wohin die Reise gehen soll? Lassen Sie sich

Etwas ungelenk und nicht vertrauenerweckend wirkt die Annie Use Your Telescope – nicht die richtige Wahl für eine Fluggesellschaft.

Sie haben Fernweh, wissen aber nicht, wohin die Reise gehen soll? Lassen Sie sich

Die Cookie hat den individuellen Handschriftcharakter, aber wenig Strichstärkenunterschiede, wirkt unbeschwert und voller Elan. Sie kommt in die engere Wahl.

Sie haben Fernweh, wissen aber nicht, wohin die Reise gehen soll? Lassen Sie sich

Kreta

✗ Die Arima Madurai ExtraBold hat Handschriftcharakter, sie will aber nicht beflügeln, sondern wirkt eher schwerfällig.

Sie haben Fernweh, wissen aber nicht, wohin die Reise gehen soll? Lassen Sie sich

Kreta

✗ Die Schrift Dr Sugiyama hat durch die Verdickungen an der Schriftlinie eine Schwere, die wir nicht gebrauchen können.

Sie haben Fernweh, wissen aber nicht, wohin die Reise gehen soll? Lassen Sie sich

Kreta

✓ Die Bold Stylish Calligraphy strahlt die notwendige Leichtigkeit für eine Fluggesellschaft aus, gleichzeitig aber auch die gute Laune, die Urlaub vermitteln soll, ohne dabei zu elegant zu wirken.

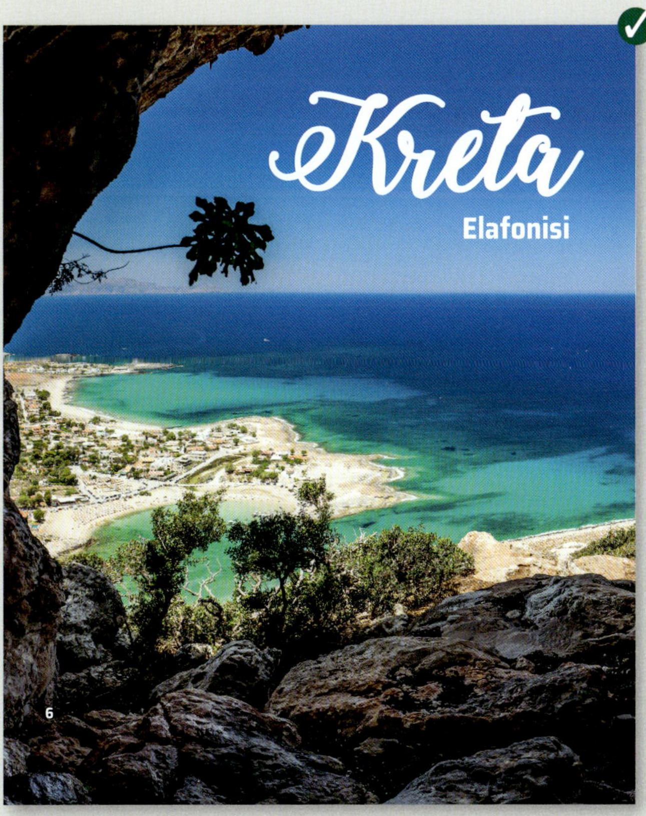

Gewünschte Wirkung

Mit der schwungvollen Bold Stylish Calligraphy haben wir einen Treffer gelandet. Ein Einsatz in Weiß funktioniert ebenfalls.

Die Textausrichtung wählen: linksbündig kontra Blocksatz

Die längeren Textpassagen des Grundtextes in der Broschüre sind im Blocksatz oder im linksbündigen Satz beziehungsweise Rausatz gut aufgehoben, die Satzbreite erlaubt beide Satzarten. Die Entscheidung für eine der beiden Satzarten ist an deren Wirkung gebunden – und letztlich auch Geschmackssache. Rausatz lockert die Gestaltung etwas auf und wirkt unruhiger, der Blocksatz betont die Vertikale und wirkt ruhiger, aber auch etwas strenger.

Kreta, die größte Insel Griechenlands, ist für ihre vielfältige Landschaft bekannt, die vom feinsandigen Strand in Elafonisi bis zu den Weißen Bergen reicht. Das Ida-Gebirge ist das höchste Gebirge der Insel. In der Hauptstadt Heraklion befinden sich das renommierte Archäologische Museum mit minoischen Artefakten sowie Knossos, eine Siedlung aus der Bronzezeit.

Die Nordwestküste von Elafonisi ist sehr felsig und zerklüftet. An der Südostküste haben sich hingegen zwischen dunklem Gestein viele kleine Meeresbassins gebildet, an denen sich Sandstrände befinden. Kreta ist sehr gebirgig und wird durch eine von West nach Ost reichende Gebirgskette bestimmt, die zumeist zur Südküste steiler, zum Norden flacher abfällt. Diese Kette ist ein überseeischer Teil des vom Peloponnes über Kreta, Karpathos und Rhodos bis zum anatolischen Festland reichenden Gebirgsmassivs, das die Südägäische Inselbrücke bildet.

Der Verkehr auf Kreta

Kreta besitzt drei Flughäfen in den Städten Iraklio (Heraklion), Chania und Sitia. Fährverbindungen gibt es vor allem nach Piräus (Athen), ganzjährig auch nach Thessaloniki, Santorin, Karpathos, Rhodos und zur

STECKBRIEF

Name: **Kreta**
Lage: **Mittelmeer**
Zivilisation: **623.000 Einwohner**
Hotels und Unterkünfte: **ja**
Anreise: **per Flugzeug, Schiff**
Kosten für 2 Wochen (ca.): **3.599 €**

Entscheidung für den Rausatz

Wir arbeiten mit vielen eckigen Bildern und Kästen. Damit die Gesamtwirkung der Gestaltung nicht zu hart und kantig wird, entscheiden wir uns gegen den Blocksatz und für den Rausatz.

Kreta, die größte Insel Griechenlands, ist für ihre vielfältige Landschaft bekannt, die vom feinsandigen Strand in Elafonisi bis zu den Weißen Bergen reicht. Das Ida-Gebirge ist das höchste Gebirge der Insel. In der Hauptstadt Heraklion befinden sich das renommierte Archäologische Museum mit minoischen Artefakten sowie Knossos, eine Siedlung aus der Bronzezeit.

Die Nordwestküste von Elafonisi ist sehr felsig und zerklüftet. An der Südostküste haben sich hingegen zwischen dunklem Gestein viele kleine Meeresbassins gebildet, an denen sich Sandstrände befinden. Kreta ist sehr gebirgig und wird durch eine von West nach Ost reichende Gebirgskette bestimmt, die zumeist zur Südküste steiler, zum Norden flacher abfällt. Diese Kette ist ein überseeischer Teil des vom Peloponnes über Kreta, Karpathos und Rhodos bis zum anatolischen Festland reichenden Gebirgsmassivs, das die Südägäische Inselbrücke bildet.

Der Verkehr auf Kreta

Kreta besitzt drei Flughäfen in den Städten Iraklio (Heraklion), Chania und Sitia. Fährverbindungen gibt es vor allem nach Piräus (Athen), ganzjährig auch nach Thessaloniki, Santorin, Karpathos, Rhodos und

STECKBRIEF

Name: **Kreta**
Lage: **Mittelmeer**
Zivilisation: **623.000 Einwohner**
Hotels und Unterkünfte: **ja**
Anreise: **per Flugzeug, Schiff**
Kosten für 2 Wochen (ca.): **3.599 €**

11

Gestaltungselemente passgenau anlegen

Bei der Arbeit mit einem Gestaltungsraster werden alle oder zumindest die meisten grafischen Bestandteile des Dokuments in Rasterschritten aufgebaut. Unsere Rasterzellen haben eine Größe von 26 × 14,8 mm mit einem Zwischenraum von 6 mm. Ein einzelliges Element hat also eine Breite von 26 mm, ein zweizelliges Element ist 58 mm breit. Wenn Sie nicht mit den Breiten- und Höhenangaben arbeiten möchten, genügen auch magnetische Hilfslinien, mit denen die Gestaltungsrasterzellen im Dokument gekennzeichnet sind.

Zwei Kästen für das Raster

Die Broschüre hat zwei verschiedene Kästenarten: einen Kasten mit dem Steckbrief und einen Kasten mit den Abflugtagen aus Deutschland. Beide Kästen gilt es so zu definieren, dass sie sich im Raster bewegen. Allerdings steht immer der Inhalt über der Form. Halten Sie das Raster also nicht um jeden Preis ein, das kann eine zu strenge Wirkung hervorrufen – und Eintönigkeit.

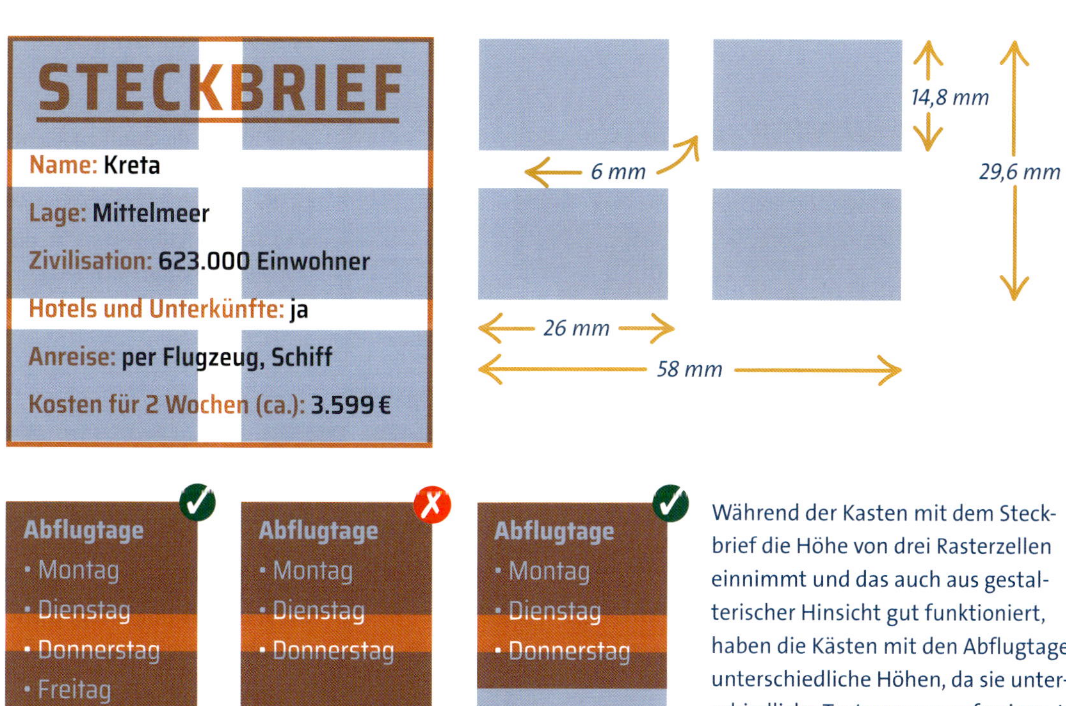

Während der Kasten mit dem Steckbrief die Höhe von drei Rasterzellen einnimmt und das auch aus gestalterischer Hinsicht gut funktioniert, haben die Kästen mit den Abflugtagen unterschiedliche Höhen, da sie unterschiedliche Textmengen aufweisen. In solchen Situationen wird in jedem Fall die Kastenhöhe dem Inhalt angepasst und nicht den Rasterzellen.

Das Gestaltungsraster dient als Hilfe bei der Aufteilung der Seite und der Platzierung der Objekte. Es darf weder begrenzen noch einengen. Es gilt »form follows function«.

Bilder können den Lesefluss stören

Gerade dann, wenn es viele kleine Bilder zu platzieren gilt, ist man schnell versucht, diese über die gesamte Doppelseite hinweg zu verstreuen, damit nicht eine Seite oder ein Bereich zu schwer wird. Allerdings ist das der falsche Weg, denn der Leser muss wie ein Springreiter mit den Augen über die »Störstelle Bild« hinwegspringen, was den Lesefluss empfindlich stört. Viele kleine Bilder sind in sogenannten Bilderinseln, einer Ansammlung von Bildern, deutlich besser aufgehoben. Die Inseln lassen sich horizontal oder vertikal anordnen.

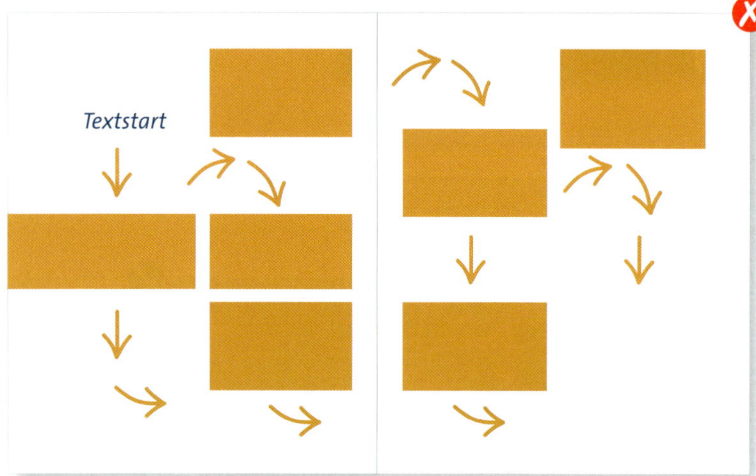

Nach vier Zeilen Grundtext schon ein Bild, dann folgen sieben Zeilen Text, dann geht es in die neue Spalte, wieder vier Zeilen Text, dann der Seitenwechsel und so weiter. Der Leser muss viele Hürden überwinden, um den Text lesen zu dürfen. Mangelnder Lesekomfort und das Gefühl einer fehlenden Struktur sind das Ergebnis.

Für Zugvögel ist Malta eine wichtige Durchgangsstation. Fast zwei Millionen Singvögel, Greifvögel und Reiher machen auf Malta Rast auf dem Weg nach Afrika.

Die Insel Malta ist die größte Insel des im Mittelmeer gelegenen Malta-Archipels und Namensgeberin für den Staat Malta. Die Insel ist 246 Quadratkilometer groß, die weiteste Strecke von einem Küstenpunkt zum anderen beträgt 27 Kilometer, und der Küstensaum misst 136 Kilometer. Sizilien liegt etwa 100 Kilometer nördlich, während die nächste afrikanische Küste (Tunesien) zwischen 290 und 300 Kilometer entfernt ist. Auf der Insel Malta leben etwa 357.000 Einwohner, das sind 90 Prozent der Gesamtbevölkerung des Staatswesens. Alle maltesischen Inseln sind felsig. Die Hauptinsel ist ein bis zu 260 Meter ansteigender Höhenzug aus Kalkfels. Der Süden und der Südwesten fallen steil zum Meer hin ab. Die Küste von Malta ist dort ungegliedert und unzugänglich. Zwischen den zerrissenen Felsen gibt es malerische kleine Buchten. Im Norden und Nordosten von Malta bestimmen Hügel und flachere Ebenen die Landschaft. Die Küste senkt sich dort allmählich zum Meer und ist von Buchten eingeschnitten, die von Sandstränden umschlossen werden. Berge und Flüsse gibt es auf Malta nicht. Bemerkenswert sind die zahlreichen Höhlen, die durch Erosion des Kalks entstanden sind. Infolge der Wasserknappheit besteht die Vegetation in Malta aus wenig anspruchsvollen, aber zahlreichen Pflanzen, große Bäume sind eher selten. Feigenbäume wachsen zum Teil wild am Straßenrand und auf den steinigen Feldern.

Wegen der Wasserarmut ist die Vegetation der Insel wenig reichhaltig. Die noch in der Frühzeit vorhandenen Wälder wurden bereits in der Bronzezeit abgeholzt, teils um Baumaterial zu gewinnen oder um Platz für landwirtschaftliche Kulturen zu schaffen. Da Kultivierungsversuche immer wieder fehlschlugen, wurde der

10

11

Die Bilder sind kreuz und quer über die gesamte Doppelseite verstreut.

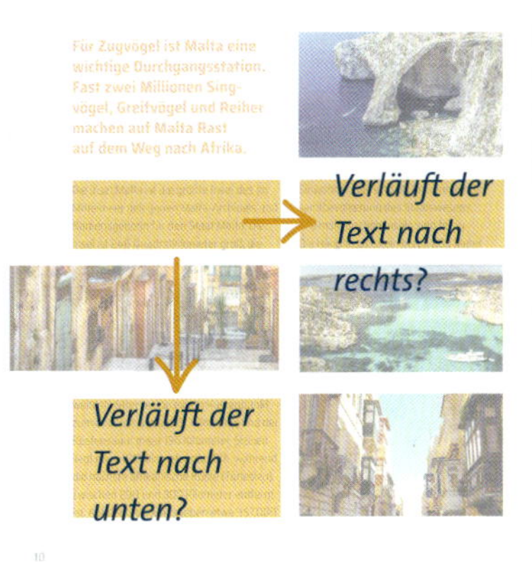

Fehlende Wegweiser

Vermeiden Sie Bildplatzierungen, die eine klare Leseroute verhindern. Wenn der Leser nicht weiß, ob er über ein Bild nach unten springen oder in der Spalte daneben weiterlesen soll, ist eine gute Text-Bild-Gestaltung gescheitert.

Ordnung mit Bilderinseln

Am wohlsten fühlen sich Bilderinseln in den äußeren Bereichen der Doppelseite, der Text darf sich zur Mitte hin ausbreiten – und kann an einem Stück gelesen werden, ohne dass man über Hindernisse springen muss.

Die wissenschaftliche Arbeit

Eine Bachelorarbeit erstellen

Die wissenschaftliche Arbeit eines angehenden Informatikers soll in eine optimale Form gebracht werden. Die Herausforderung liegt in der notwendigen klaren Struktur und dem optisch gegliederten Aufbau der Inhalte. Der Einsatz von Inhaltsverzeichnis, Fußnoten, Anmerkungen und Quellverweisen und deren akkurate Formatierung muss geplant werden, genauso wie eine einheitliche Gestaltung von Diagrammen und Tabellen.

gibt es verschiedenartige Relationen. Direkt gespeicherte Relationen sind die Tabellen. Von den Tabellen können andere Relationen abgeleitet werden – die *Ansichten* (engl. *Views*) und die *Abfragen* (engl. *Queries*). Wenn wir uns die tabellarische Darstellung einer Relation ansehen, ist recht schnell klar, warum wir die Begriffe Zeile bzw. Spalte als Synonyme für die Begriffe Datensatz und Feld verwenden. In Abbildung 1.2 ist eine Relation am Beispiel dargestellt.

Funktionale Abhängigkeit

Die Funktionen gehören auch zu den Relationen. Wenn man immer anhand einiger Felder die Werte anderer Felder in einem Datensatz eindeutig bestimmen kann, spricht man von einer *funktionalen Abhängigkeit*. So besteht in unseren Beispielen eine funktionale Abhängigkeit zwischen der Stadt und dem Land, in dem die Stadt liegt, nicht aber umgekehrt, denn in einem Land können mehrere Städte liegen.[1] Es besteht auch eine funktionale Abhängigkeit zwischen einem Kinosaal und einer Uhrzeit einerseits und einem Film andererseits, es

252

6.1 | Speicherung in Datenbanken

besteht jedoch keine funktionale Abhängigkeit zwischen einem Kinosaal allein und einem Film, denn um den Film eindeutig bestimmen zu können, brauchen wir auch die Uhrzeit.

Stadt	Land
Berlin	Deutschland
Köln	Deutschland
London	Vereinigtes Königreich
Berlin	Österreich

Stadt	Land
Berlin	Deutschland
Köln	Deutschland

Abbildung 1.2 *Relation Stadt – Land*

Schlüssel

Wenn wir anhand der Werte einiger Spalten einer Relation den kompletten Datensatz eindeutig bestimmen können, bilden die Spalten einen Schlüssel der Relation. Man sollte hier nicht die Bedeutung des Worts »bestimmen« mit der Bedeutung des Worts »berechnen« verwechseln. Dass wir anhand der Werte der Spalten eines Schlüssels die Werte der anderen Spalten der Relation eindeutig bestimmen können, bedeutet nicht, dass man den Wert nach einer Formel berechnen kann, sondern dass es eine fachliche Regel gibt, die besagt, dass es zu einer Kombination der Werte der Schlüsselspalten nur einen einzigen Datensatz in der Relation geben kann.

Es besteht also immer eine funktionale Abhängigkeit zwischen einem Schlüssel einer Relation und allen anderen Spalten dieser Relation. Eine Relation kann auch mehrere Schlüssel haben. So kann man zum Beispiel einen Mitarbeiterdatensatz sowohl über die E-Mail-Adresse des Mitarbeiters als auch über seine Personalausweisnummer

1 Wir gehen hier von der vereinfachten Sichtweise aus, dass eine Stadt immer nur in einem Land liegt.

253

Wissenschaftliches Arbeiten

Für die Dissertation werden besondere Text- und Zeichenformate benötigt, genauso wie eine klare Hierarchie der verschiedenen Überschriftenebenen.

Satzspiegel plus Marginalspalte einrichten

Bevor der Satzspiegel einer wissenschaftlichen Arbeit bestimmt werden sollte, müssen die Arten der Informationen gesichtet werden. In unserer Bachelorarbeit hat der Autor mit Randnotizen gearbeitet, den sogenannten Marginalien, stichwortartigen Hinweisen oder Erläuterungen, die an inhaltlich passender Stelle neben dem Haupttext platziert werden. Die Marginalien werden meist im Außensteg positioniert; der Satzspiegel muss somit schmaler gehalten werden und lässt sich nicht mit den herkömmlichen Methoden errechnen.

Breite der Marginalspalte

Die Marginalien sind als zusätzliche Informationsquelle inhaltlich relevant, nehmen aber hier wenig Raum ein. Wir können die Marginalspalte daher relativ schmal halten und arbeiten trotzdem mit viel Weißraum, was der besseren Übersicht dient..

Der Abstand zwischen der Grundtextkolumne und der Marginalkolumne sollte etwas größer sein als ein üblicher Spaltenabstand; hier entspricht er der Größe von 1,5 Gevierten des Grundtextes.

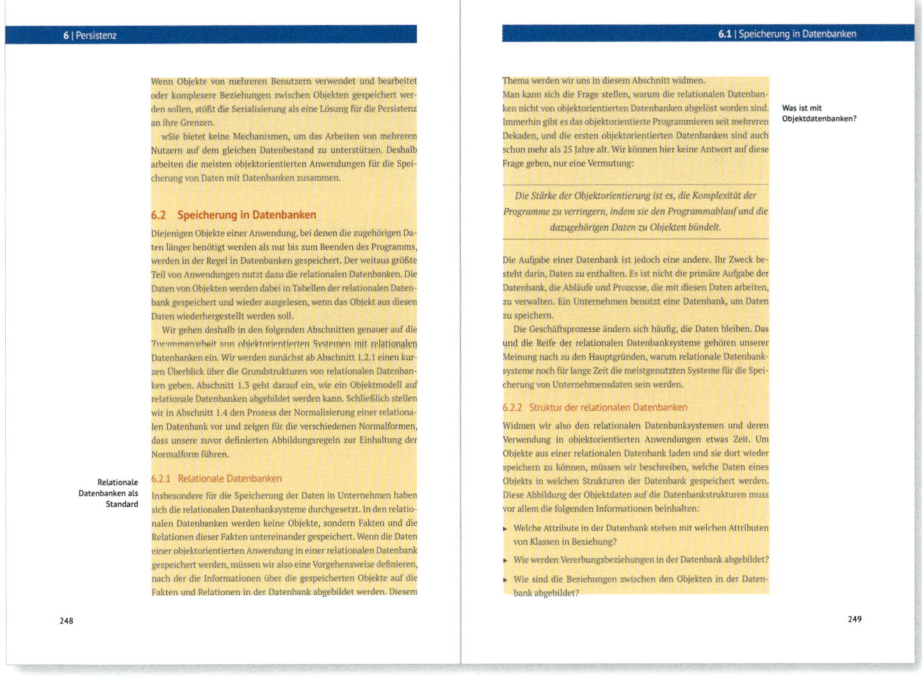

6 | Persistenz

Wenn Objekte von mehreren Benutzern verwendet und bearbeitet oder komplexere Beziehungen zwischen Objekten gespeichert werden sollen, stößt die Serialisierung als eine Lösung für die Persistenz an ihre Grenzen.

wSie bietet keine Mechanismen, um das Arbeiten von mehreren Nutzern auf dem gleichen Datenbestand zu unterstützen. Deshalb arbeiten die meisten objektorientierten Anwendungen für die Speicherung von Daten mit Datenbanken zusammen.

6.2 Speicherung in Datenbanken

Diejenigen Objekte einer Anwendung, bei denen die zugehörigen Daten länger benötigt werden als nur bis zum Beenden des Programms, werden in der Regel in Datenbanken gespeichert. Der weitaus größte Teil von Anwendungen nutzt dazu die relationalen Datenbanken. Die Daten von Objekten werden dabei in Tabellen der relationalen Datenbank gespeichert und wieder ausgelesen, wenn das Objekt aus diesen Daten wiederhergestellt werden soll.

Wir gehen deshalb in den folgenden Abschnitten genauer auf die Zusammenarbeit von objektorientierten Systemen mit relationalen Datenbanken ein. Wir werden zunächst ab Abschnitt 1.2.1 einen kurzen Überblick über die Grundstrukturen von relationalen Datenbanken geben. Abschnitt 1.3 geht darauf ein, wie ein Objektmodell auf relationale Datenbanken abgebildet werden kann. Schließlich stellen wir in Abschnitt 1.4 den Prozess der Normalisierung einer relationalen Datenbank vor und zeigen für die verschiedenen Normalformen, dass unsere zuvor definierten Abbildungsregeln zur Einhaltung der Normalform führen.

Relationale Datenbanken als Standard

6.2.1 Relationale Datenbanken

Insbesondere für die Speicherung der Daten in Unternehmen haben sich die relationalen Datenbanksysteme durchgesetzt. In den relationalen Datenbanken werden keine Objekte, sondern Fakten und die Relationen dieser Fakten untereinander gespeichert. Wenn die Daten einer objektorientierten Anwendung in einer relationalen Datenbank gespeichert werden, müssen wir also eine Vorgehensweise definieren, nach der die Informationen über die gespeicherten Objekte auf die Fakten und Relationen in der Datenbank abgebildet werden. Diesem

248

6.1 | Speicherung in Datenbanken

Thema werden wir uns in diesem Abschnitt widmen.
Man kann sich die Frage stellen, warum die relationalen Datenbanken nicht von objektorientierten Datenbanken abgelöst worden sind. Immerhin gibt es das objektorientierte Programmieren seit mehreren Dekaden, und die ersten objektorientierten Datenbanken sind auch schon mehr als 25 Jahre alt. Wir können hier keine Antwort auf diese Frage geben, nur eine Vermutung:

Was ist mit Objektdatenbanken?

Die Stärke der Objektorientierung ist es, die Komplexität der Programme zu verringern, indem sie den Programmablauf und die dazugehörigen Daten zu Objekten bündelt.

Die Aufgabe einer Datenbank ist jedoch eine andere. Ihr Zweck besteht darin, Daten zu enthalten. Es ist nicht die primäre Aufgabe der Datenbank, die Abläufe und Prozesse, die mit diesen Daten arbeiten, zu verwalten. Ein Unternehmen benutzt eine Datenbank, um Daten zu speichern.

Die Geschäftsprozesse ändern sich häufig, die Daten bleiben. Das und die Reife der relationalen Datenbanksysteme gehören unserer Meinung nach zu den Hauptgründen, warum relationale Datenbanksysteme noch für lange Zeit die meistgenutzten Systeme für die Speicherung von Unternehmensdaten sein werden.

6.2.2 Struktur der relationalen Datenbanken

Widmen wir also den relationalen Datenbanksystemen und deren Verwendung in objektorientierten Anwendungen etwas Zeit. Um Objekte aus einer relationalen Datenbank laden und sie dort wieder speichern zu können, müssen wir beschreiben, welche Daten eines Objekts in welchen Strukturen der Datenbank gespeichert werden. Diese Abbildung der Objektdaten auf die Datenbankstrukturen muss vor allem die folgenden Informationen beinhalten:

- Welche Attribute in der Datenbank stehen mit welchen Attributen von Klassen in Beziehung?
- Wie werden Vererbungsbeziehungen in der Datenbank abgebildet?
- Wie sind die Beziehungen zwischen den Objekten in der Datenbank abgebildet?

249

Bei einem Grundformat von 170 × 240 mm legen wir für die Grundkolumne eine Breite von 99 mm fest; die Marginalspalte erhält eine Breite von 30 mm.

Die Suche nach zwei Leseschriften

Wissenschaftliche Texte sollten verständlich und nachvollziehbar sein. Hier schmücken keine emotionalen Bilder den Inhalt, und die Auszeichnung des Textes muss vor allem lesefreundlich sein. Bitte beachten Sie bei Dissertationen oder Abschlussarbeiten unbedingt die Vorgaben der Universität beziehungsweise des Professors: Werden Times New Roman oder Arial in 12 Punkt verlangt, sollten Sie sich trotz typografischer Schmerzen fügen.

Charakterisierung von zwei Schriften

Aufgrund der verschiedenen Textarten (Grundtext, Marginalie, Bildunterschriften, Fußnoten, Quellenangaben, Hervorhebungen) suchen wir eine lesefreundliche Grundschrift und eine zweite Schrift, die ebenfalls in erster Linie gut erfassbar ist – schmückende Charaktere oder Auszeichnungsschriften sind hier fehl am Platz. Die beiden Schriften sollten auch in ihren Grundschriftgrößen miteinander harmonieren, bei beiden steht der informierende Charakter im Vordergrund.

Diejenigen Objekte einer Anwendung, bei denen die zugehörigen Daten länger benötigt werden als nur bis zum Beenden des Programms, werden in

Diejenigen Objekte einer Anwendung, bei denen die zugehörigen Daten länger benötigt werden als nur bis zum Beenden des Programms, werden in

Die Gentium ist grundsätzlich keine schlechte Wahl für längere Grundtexte; die Kombination einer zweiten Serifenschrift in gleicher Größe ist allerdings fatal, und die Big Caslon ist mit ihren starken Strichstärkenwechseln nur für größere Schriftgrade geeignet.

Diejenigen Objekte einer Anwendung, bei denen die zugehörigen Daten länger benötigt werden als nur bis zum Beenden des Programms, werden in

Diejenigen Objekte einer Anwendung, bei denen die zugehörigen Daten länger benötigt werden als nur bis zum Beenden des Programms, werden in

Auch wenn man hin und wieder noch die Vorgabe von 12 Punkt Times beziehungsweise 12 Punkt Arial findet – typografisch gesehen tun Sie damit niemandem einen Gefallen, sondern vermitteln durch die Betonung das Gefühl, der Text hätte einen besonders hohen Erklärungsbedarf.

Diejenigen Objekte einer Anwendung, bei denen die zugehörigen Daten länger benötigt werden als nur bis zum Beenden des Programms, werden in der Regel in

Diejenigen Objekte einer Anwendung, bei denen die zugehörigen Daten länger benötigt werden als nur bis zum Beenden des Programms, werden in der Regel in

Die Palatino in Kombination mit der Helvetica, beide in 10 Punkt Schriftgröße. Die Helvetica ist zwar grundsätzlich klar und gut erkennbar, wirkt aber in kleinen Schriftgrößen schnell klobig und sorgt für einen relativ dunklen Grauwert. Die Palatino kann damit nicht Schritt halten.

Diejenigen Objekte einer Anwendung, bei denen die zugehörigen Daten länger benötigt werden als nur bis zum Beenden des Programms, werden in der Regel in Daten-

Diejenigen Objekte einer Anwendung, bei denen die zugehörigen Daten länger benötigt werden als nur bis zum Beenden des Programms, werden in der Regel in

Die Garamond als relativ zarte Serifenschrift muss grundsätzlich etwas größer verwendet werden, um neben der Frutiger nicht zu verschwinden, und ist auch mit ihren kleinen Mittellängen nicht ganz optimal. Die Frutiger mit ihren großen Mittellängen hingegen ist gut lesbar.

Diejenigen Objekte einer Anwendung, bei denen die zugehörigen Daten länger benötigt werden als nur bis zum Beenden des Programms, werden in der Regel in Datenbanken gespeichert

Diejenigen Objekte einer Anwendung, bei denen die zugehörigen Daten länger benötigt werden als nur bis zum Beenden des Programms, werden in der Regel in Datenbanken gespei-

Die Kombination von Minion und Myriad ist durchaus beliebt, und das aus gutem Grund. Die beiden harmonieren miteinander, sind neutral genug, um wissenschaftlich zu informieren, und eignen sich auch für kleine Schriftgrößen. Sie kommen in die engere Wahl.

Diejenigen Objekte einer Anwendung, bei denen die zugehörigen Daten länger benötigt werden als nur bis zum Beenden des Programms, werden in der Regel in Daten-

Diejenigen Objekte einer Anwendung, bei denen die zugehörigen Daten länger benötigt werden als nur bis zum Beenden des Programms, werden in der Regel in

Die beiden Google-Schriften PT Sans und PT Serif sind miteinander verwandt und streiten nicht, sondern gehen rücksichtsvoll miteinander um. Sie sind beide angenehm in kleinen Größen zu lesen, und auch die PT Serif wirkt sachlich und neutral.

wir in Abschnitt 1.4 den Prozess der Normalisierung einer relation
len Datenbank vor und zeigen für die verschiedenen Normalforme
dass unsere zuvor definierten Abbildungsregeln zur Einhaltung d
Normalform führen.

Relationale Datenbanken als Standard

6.2.1 Relationale Datenbanken

Insbesondere für die Speicherung der Daten in Unternehmen habe
sich die relationalen Datenbanksysteme durchgesetzt. In den relati
nalen Datenbanken werden keine Objekte, sondern Fakten und d
Relationen dieser Fakten untereinander gespeichert. Wenn die Date
einer objektorientierten Anwendung in einer relationalen Datenbai
gespeichert werden, müssen wir also eine Vorgehensweise definiere
nach der die Informationen über die gespeicherten Objekte auf d
Fakten und Relationen in der Datenbank abgebildet werden. Diese

248

PT Serif und PT Sans

Für den Text der Grundkolumne fällt die Entscheidung für die PT Serif, da sie noch eine etwas klassischere Wirkung hat. Dazu kombinieren wir verschiedene Schnitte der PT Sans, wie zum Beispiel bei den Überschriften.

Genauer betrachtet: Umbruchfehler

Manche Dinge darf man nicht trennen. Dazu zählen auch eng befreundete Textzeilen beziehungsweise Texte und ihre zuständigen Überschriften. Wer es trotzdem tut, begeht sogenannte Umbruchfehler, die den Rhythmus, den Lesefluss und die Informationsaufnahme empfindlich stören können. Auch zu kurze Ausgangszeilen gilt es zu vermeiden.

Witwen und Waisenkinder vermeiden

Das frühere Hurenkind, heute politisch korrekt als Witwe bezeichnet, ist die letzte Zeile eines Absatzes, die am Anfang einer neuen Spalte oder Seite steht. Der Schusterjunge, auch Waisenkind genannt, ist entsprechend eine Anfangszeile eines Absatzes, die am Ende einer Textspalte oder Seite steht.

✗

Benutzern verwendet und bearbeitet oder komplexere Beziehungen zwischen Objekten gespeichert werden sollen, stößt die Serialisierung als eine Lösung für die Persistenz an

ihre Grenzen. ← *Witwe*

Sie bietet keine Mechanismen, um das Arbeiten von mehreren Nutzern auf dem gleichen Datenbestand zu unterstützen.

✓

Benutzern verwendet und bearbeitet oder komplexere Beziehungen zwischen Objekten gespeichert werden sollen, stößt die Serialisierung als eine

Lösung für die Persistenz an ihre Grenzen.

Sie bietet keine Mechanismen, um das Arbeiten von mehre-

Die Witwe: Grundsätzlich sollten mindestens zwei, besser noch drei Zeilen zusammengehalten werden. Die gängigen Software-Programme erlauben eine automatisierte Regelung.

✗

Beziehungen zwischen Objekten gespeichert werden sollen, stößt die Serialisierung als eine Lösung für die Persistenz an ihre Grenzen.

Waisenkind →

Sie bietet keine Mechanismen,

um das Arbeiten von mehreren Nutzern auf dem gleichen Datenbestand zu unterstützen. Deshalb arbeiten die meisten objektorientierten Anwendungen für die Speicherung von Daten mit Datenbanken

✓

Beziehungen zwischen Objekten gespeichert werden sollen, stößt die Serialisierung als eine Lösung für die Persistenz an ihre Grenzen.

Sie bietet keine Mechanismen, um das Arbeiten von mehre-

ren Nutzern auf dem gleichen Datenbestand zu unterstützen. Deshalb arbeiten die meisten objektorientierten Anwendungen für die Speicherung von Daten mit Datenbanken zusammen. Diejenigen Objekte einer Anwendung, bei denen

Das Waisenkind: Am Ende der Spalte sollten ebenfalls mindestens zwei Zeilen zusammengehalten werden.

Eine Zeile zu viel oder eine zu wenig?

Wer mit einer fixen Satzspiegelhöhe arbeitet und somit die Kolumnenhöhe nicht einfach verkleinern oder vergrößern kann, muss in die Trickkiste greifen, um entweder noch eine Zeile in der Kolumne unterzubringen oder eine Zeile mehr zu erzeugen. Für welche Variante man sich entscheiden sollte, ist davon abhängig, ob die Ausgangszeile des Absatzes kurz oder lang ist.

Wenn Objekte von mehreren Benutzern verwendet und bearbeitet oder komplexe Beziehungen zwischen Ob-jekten gespeichert werden, stößt die Serialisierung als eine Lösung für die Persistenz an Grenzen.

Sie bietet keine Mechanismen, um das Arbeiten von mehre-ren Nutzern auf dem gleichen Datenbestand zu unterstützen. Deshalb arbeiten die meisten

fixe untere Satzspiegelkante

Wenn Objekte von mehreren Benutzern verwendet und be-arbeitet oder komplexe Bezie-hungen zwischen Objekten gespeichert werden, stößt die Serialisierung als eine Lösung für die Persistenz an Grenzen.

Sie bietet keine Mechanismen, um das Arbeiten von mehre-ren Nutzern auf dem gleichen Datenbestand zu unterstützen. Deshalb arbeiten die meisten objektorientierten Anwen-dungen für die Speicherung

Durch den Eingriff in die Silbentrennung verschwindet die kurze Ausgangszeile.

Eine sehr kurze letzte Zeile kann man in der Regel entweder durch eine minimaln Textänderung oder durch den Eingriff in die Silbentrennung, im Zweifelsfall sogar durch eine minimale Laufweitenänderung verschwinden lassen.
Die Laufweitenänderung sollte aber immer auf einen längeren Absatz angewendet werden, da sie sonst zu wenig Wirkung zeigt beziehungsweise zu deutlich sichtbar wäre.

Wenn die Objekte von mehre-ren Benutzern verwendet und bearbeitet oder auch komple-xere Beziehungen zwischen Objekten gespeichert werden, stößt die Serialisierung als eine Lösung für die Persistenz an ihre mathematischen Grenzen.

Sie bietet keine Mechanismen, um das Arbeiten von mehre-ren Nutzern auf dem gleichen Datenbestand zu unterstützen. Deshalb arbeiten die meisten

fixe untere Satzspiegelkante

Wenn die Objekte von mehre-ren Benutzern verwendet und bearbeitet oder auch kom-plexere Beziehungen zwischen Objekten gespeichert werden, stößt die Serialisierung als eine Lösung für die Persis-tenz an ihre mathematischen Grenzen.

Sie bietet keine Mechanismen, um das Arbeiten von mehre-ren Nutzern auf dem gleichen Datenbestand zu unterstützen.

Bei einer langen letzten Zeile wird entweder durch eine minimale Textänderung, durch den Eingriff in die Silbentrennung oder durch eine minimale Erhöhung der Laufweite eine weitere Zeile erzeugt. Hier haben eine minimale Laufweitenerhöhung plus eine Änderung der Silbentrennung zur gewünschten neuen Zeile geführt.

Überschrift und Grundtext – zwei Verbündete

Wer mit einer Überschrift oder Zwischenüberschrift den folgenden Text ankündigt, muss ihn auch präsentieren. Nach einer Zwischenüberschrift sollten also in jedem Fall mindestens drei oder vier Zeilen Text folgen, bevor ein Spalten- oder Seitenwechsel vorgenommen wird.

bleiben. Das und die Reife der relationalen Datenbanksysteme gehören unserer Meinung nach zu den Hauptgründen, warum relationale Datenbanksysteme noch für lange Zeit die meistgenutzten Systeme für die Speicherung von Unternehmensdaten sein werden.

6.2.2 Datenbanken

Widmen wir also den relationalen Datenbanksystemen und deren Verwendung in objektorientierten Anwendungen etwas Zeit. Um Objekte aus einer

Zwei Zeilen Grundtext nach einer Zwischenüberschrift sind das absolute Minimum, drei Zeilen sind in Ordnung, vier Zeilen und mehr sind gut.

bleiben. Das und die Reife der relationalen Datenbanksysteme gehören unserer Meinung nach zu den Hauptgründen, warum relationale Datenbanksysteme noch für lange Zeit die meistgenutzten Systeme für die Speicherung von Unternehmensdaten sein werden.

6.2.2 Datenbanken

Widmen wir also den relationalen Datenbanksystemen und deren Verwendung in objektorientierten Anwendungen etwas Zeit. Um Objekte aus einer relationalen Datenbank laden und sie dort wieder speichern zu können,

Der Ausgleich erfolgt in der Regel in dem Absatz, der sich über der Zwischenüberschrift befindet. Es kann auch ein Absatz verändert werden, der sich noch weiter oben befindet – solange sich dieser Absatz durch eine kurze Ausgangszeile besonders gut eignet.

Der Fliegenschiss – nicht schön anzusehen

Eine sehr kurze letzte Zeile in einem Absatz ist kein großes Verbrechen, wirkt aber vor allem dann nicht schön, wenn es mehrfach hintereinander vorkommt. Auch hier lässt sich in der Regel mit wenigen Handgriffen etwas mehr Text zaubern; alternativ bekommt man den Fliegenschiss noch in der vorhergehenden Zeile unter.

schäftsprozesse ändern sich häufig, die Daten bleiben. Das und die Reife der relationalen Datenbanksysteme gehören unserer Meinung nach zu den Hauptgründen, warum relationale Datenbanksysteme noch für lange Zeit die meistgenutzten Systeme für die Speicherung von Unternehmensdaten sind.

schäftsprozesse ändern sich häufig, die Daten bleiben. Das und die Reife der relationalen Datenbanksysteme gehören unserer Meinung nach zu den Hauptgründen, warum relationale Datenbanksysteme noch für lange Zeit die meistgenutzten Systeme für die Speicherung von Unternehmensdaten sind.

Das Wörtchen »sind« lässt sich doch noch unterbringen? Im Beispiel ist mit einer minimalen Unterschneidung gearbeitet worden, damit das Wort noch in die Zeile darüber passt.

Genauer betrachtet: Diagramme

Manche Informationen lassen sich leichter aufnehmen, wenn sie visuell umgesetzt werden. Ein gängiges Mittel dafür sind Diagramme. Damit lassen sich Zahlen und Sachverhalte auf einfache Art und Weise verständlich darstellen und vor allem vergleichbar machen. Die Herausforderung besteht nicht darin, Informationen in einem Diagramm darzustellen, sondern sich für die passende Diagrammart zu entscheiden und eine gute Typografie zu wählen. Nicht jede Diagrammart ist für jeden Sachverhalt geeignet.

Diagrammart

Um Werte oder Größen miteinander vergleichen zu können, eignen sich **Achsendiagramme**, die am häufigsten zum Einsatz kommen. Hier unterscheidet man Punktdiagramme, Liniendiagramme, Säulen- und Balkendiagramme, Kreisdiagramme sowie Netzdiagramme. Neben den Achsendiagrammen kann auch mit **Graphen** oder **Mengendiagrammen** gearbeitet werden.

Falsche Eindrücke vermeiden

Mit einer visuellen Darstellung von Informationen ist es relativ einfach, die Wirkung zu beeinflussen. Durch die Wahl der Farben, der Achsenunterteilung oder des Ausschnittes lässt sich leicht ein »falscher« Eindruck erwecken. Für eine seriöse wissenschaftliche Arbeit ist es selbstverständlich, die Darstellung möglichst neutral zu gestalten und sich vom Vorwurf einer Manipulation zu distanzieren.

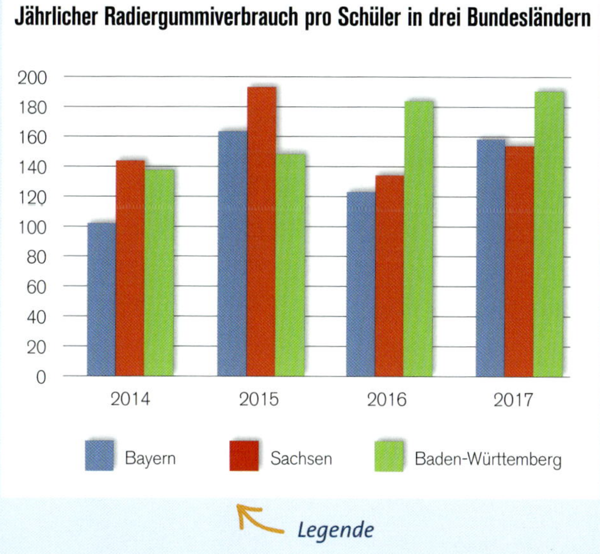

Legende

Arbeiten Sie innerhalb eines Diagramms nicht mit Farbabstufungen einer Farbe, da die hellen Flächen größer wirken als die dunklen.
Achten Sie auf genug Kontrast zwischen den verwendeten Farben.

Kreuzen sich verschiedenfarbige Linien, sollte die oben liegende Linie in der helleren Farbe gefärbt sein.

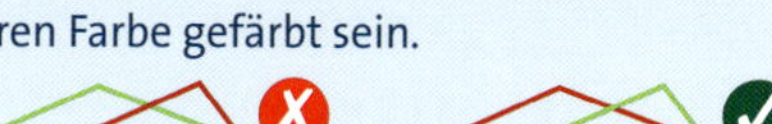

Mit dem Einsatz von Farbe können Sie Zusammengehörigkeiten bilden. Diagrammlegenden, also die zugehörigen Texte des Diagramms, stehen gut lesbar außerhalb des Diagramms und lassen sich einwandfrei zuordnen.

Genauer betrachtet: Tabellen

Um Zahlenkolonnen besser zu erfassen, arbeitet man idealerweise mit Tabellen, aber auch bei Listen oder anderen Gliederungen sind Tabellen ein probates Mittel, um Übersicht zu schaffen. Die gewünschte Gliederung wird durch Linien oder Flächen erzielt.

Tabellenlinien

Jede Linienart übernimmt eine Aufgabe. Damit aber die Linien nicht zum Hingucker werden, sondern nur der Übersicht dienen, passt man sie am besten an die Strichstärke der Schrift an.

Kopf- und Fußlinie: schließt Tabelle oben und unten ab
Halslinie: trennt Tabellenkopf und -fuß
Unterteilungslinie: trennt Reihen und Spalten voneinander
Randlinie: schließt Tabelle rechts und links ab

✗

niedrige Variante	mittlere Variante	
Bevölkerung in Tsd.		
7.293.830	11.213.317	1(
7.518.908	11.134.567	1:
7.797.987	11.098.456	1:

Ganz ohne Linien und Flächen zu arbeiten birgt die Gefahr von Zeilenstolperern beim Leser. Daher sollte diese Art der Gestaltung nur in Ausnahmefällen bei sehr kleinen und überschaubaren Tabellen in Betracht gezogen werden. Statt mit Linien kann auch mit unterschiedlich gefärbten Zeilen und Spalten gearbeitet werden.

Bevölkerungsentwicklung

in absoluten Zahlen weltweit

Tabellentitel

	konstante Bevölkerungsentwicklung	Bevölkerungsvorausberechnungen		
		niedrige Variante	mittlere Variante[1]	hohe Variante
	Bevölkerung in Tsd.			
2100	25.966.586	7.293.830	11.213.317	16.787.654
2095	23.112.876	7.518.908	11.134.567	15.987.876
2090	20.987.987	7.797.987	11.098.456	15.234.443
2080	16.098.345	8.287.750	10.765.433	14.223.778
2070	14.981.109	7.293.830	10.546.789	14.987.789
2065	12.345.876	6.785.654	10.456.121	13.554.352
2060	11.987.556	6.098.567	10.101.098	11.776.789

Zeile oder Reihe

[1] *Das ist eine Fußnote, und die gehört an das untere Ende der Tabelle.*

Spalte

Schriftwahl

Einige Unternehmen bieten speziell für Tabellensatz konzipierte Schriften wie die Axel; in der Regel handelt es sich dabei um serifenlose, in kleinen Größen gut lesbare und klare Schriften. Wer in seinem Dokument mit einer serifenlosen Grundschrift arbeitet, sollte diese auch in der Tabelle weiterführen.

Die Status oder die Times zeigen sich wenig geeignet für den Tabellensatz. Klare Serifenlose wie die TheSansOsF hingegen sind besser erfassbar.

niedrige Variante	mittlere Variante	
Bevölkerung in Tsd.		
7.293.830	11.213.317	16
7.518.908	11.134.567	15
7.797.987	11.098.456	15
8.287.750	10.765.433	14

niedrige Variante	mittlere Variante	
Bevölkerung in Tsd.		
7.293.830	11.213.317	16
7.518.908	11.134.567	15
7.797.987	11.098.456	15
8.287.750	10.765.433	14

niedrige Variante	**mittlere Variante**	**V**
Bevölkerung in Tsd.		
7.293.830	**11.213.317**	**16.**
7.518.908	**11.134.567**	**15.**
7.797.987	**11.098.456**	**15.**
8.287.750	**10.765.433**	**14.**

Weißraum

Wichtig ist eine gute optische Verteilung des Weißraums innerhalb der Tabelle. Rund um den Text sollte sich genug Weißraum befinden, und zwar unten etwas mehr als oben.

Der Weißraum unter der Zahl ist minimal größer als der über der Zahl. An allen vier Seiten besteht genug Abstand zur Linie.

Tabellentitel: Die Überschrift beziehungsweise der Tabellentitel steht ganz oben und informiert über den gesamten Inhalt.
Tabellenkopf: Der Text im Tabellenkopf beschreibt die Spalten und sollte etwas kleiner sein als im Tabellenfuß. Die Ausrichtung des Textes sollte sich nach dem Text im Fuß richten: Normaler Text wird eher linksbündig ausgerichtet, Zahlenkolonnen stehen rechtsbündig. Falls Text in einer Tabelle gedreht werden muss, verläuft er immer von unten nach oben; der Winkel sollte zwischen 45° und 60° liegen.
Tabellenfuß: Der Fuß ist häufig in zwei Teile unterteilt, in eine Vorspalte und eine Hauptspalte. Die Vorspalte informiert über die gesamte Zeile, die Hauptspalte enthält die jeweiligen Werte.
Fußnoten: Tabellen-Fußnoten gehören genau wie im Grundtext immer nach unten.

Raumaufteilung im Web

Die Website eines Gewürzanbieters entwickeln

Die Website eines Gewürzanbieters soll gestaltet werden. Der Anbieter hat sich auf hochwertige Gewürze und originelle Mischungen spezialisiert. Bei den zu platzierenden Inhalten handelt es sich in erster Linie um die Präsentation der verschiedenen Gewürzmischungen, die mit Bild und Text beschrieben werden sollen. Zudem soll es eine Art Gewürzlexikon geben, in dem sich der Kunde über die einzelnen Bestandteile informieren kann.

Struktur mit Spalten

Die richtige Schriftgröße und eine durchdachte Struktur sind relevant dafür, ob die Gestaltung einer Website angenommen wird. würzunder arbeitet mit einer klaren Serifenlosen, wenigen Gestaltungsfarben und einem hellgrauen Hintergrund. Ausreichend Bilder sorgen für einen optimalen Eindruck der Produkte.

Gitterlayout für die Raumaufteilung nutzen

Wir beginnen mit dem Grundgerüst der Website. Je nach Art der Inhalte können sich verschieden ausgerichtete Raster eignen, um die Inhalte zu sortieren. In unserem Fall halten sich Bild- und Textanteile die Waage. Wir entscheiden uns für ein Gitterlayout, bei dem im oberen Teil mit einem großen querformatigen Bild gestartet wird.

Dieses Raster mit vier Spalten eignet sich vor allem für eine große Menge an Inhalten. Es wird relativ kleinteilig gearbeitet, und so lässt sich auch gut viel Text und wenig Bildmaterial übersichtlich unterbringen.
Wichtig ist eine Navigationsleiste, die auf jeder Seite zu jedem Zeitpunkt sichtbar ist und immer an der gleichen Stelle stehen sollte. Sie muss allerdings nicht oben, sondern könnte auch links oder rechts an der Seite stehen.

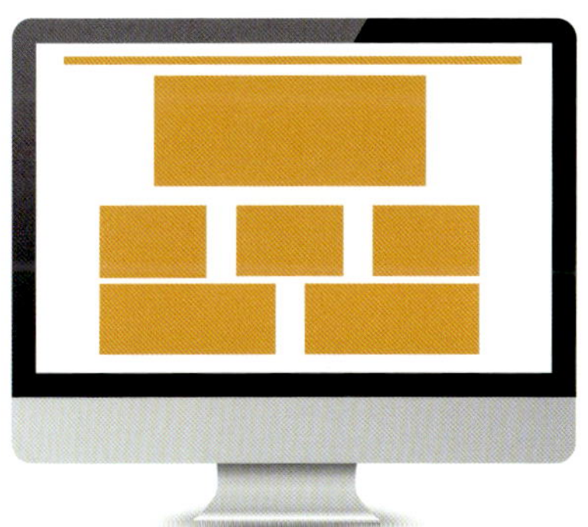

Durch die unterschiedlichen Breiten lässt sich dieses Raster gut für viele verschiedene Inhaltsarten wie Bilder, Texte, Filme etc. einsetzen. Auch die Höhe der Felder kann variieren, wenn die Struktur mit weiteren Elementen wie Unterteilungslinien beachtet wird.
Auch hier ist die Navigationsleiste unabdingbar.

Dreispaltiges Raster

Wir möchten Artikel mit einem Anleserbild platzieren, dazu benötigen wir aber noch eine Spalte für weitere Informationen. Also entscheiden wir uns für das dreispaltige Layout.
Wir können in der linken Spalte das Bild zum Artikel platzieren, in der mittleren Spalte den Text des Artikels und in der rechten Spalte Zusatzinformationen, Tipps, das Lexikon etc.
Die Navigationsleiste platzieren wir oben.

Für einen Bildstil entscheiden

Bilder sind nicht immer für jedes Thema und für jede Vermittlung unbedingt vonnöten. Wer sie jedoch einsetzt, hat ein probates Mittel an der Hand, schnell und ansprechend Inhalte zu transportieren und Emotionen beim Betrachter hervorzurufen. Bei den optisch ansprechenden Gewürzmischungen wäre es allerdings eine vertane Chance, ohne Bilder zu arbeiten – hier isst das Auge mit. Achten Sie auf hochwertiges Material und vor allem darauf, dass die Bilder einen einheitlichen Stil aufweisen.

Der Stil der Bebilderung

Die Stimmung, also der Stil in der Bebilderung, sollte immer einen roten Faden aufweisen. So können Sie sich für die vollflächigen Bilder entscheiden, wie wir es getan haben; Sie können freigestellte Bilder verwenden, Sie können sich für die Vogelperspektive entscheiden oder für die Aufnahme von vorn auf Augenhöhe mit dem Gewürz. Sie können auch Illustrationen verwenden, freigestellt oder vollflächig. Wichtig ist nur eines: Entscheiden Sie sich, und zwar für einen der Stile, und mischen Sie nur in Notsituationen.

Für würzunder haben wir uns für einen Bildstil entschieden, der Gewürzmischungen aus der Nähe zeigt. Die Bilder sind vollflächig, reichen demzufolge bis an den Bildrand; es handelt sich um Echtfotos, also keine Zeichnungen oder Illustrationen. Wir bleiben diesem Bildstil treu und füllen auch die anderen Bildplätze in diesem Stil.

Die passende Grundschrift

Lange vorbei sind die Zeiten im Webdesign, in denen ausschließlich die nativen Systemschriften wie Arial, Helvetica, Times oder Verdana websicher waren. Dieser ersten Phase mit sehr begrenzter Schriftauswahl folgte die zweite Phase, in der die Webmaster dank @font-face Zugriff auf alle denkbaren Schriften hatten und aus dem Vollen schöpften konnten. Das allerdings kostete Ladezeit und bedurfte vor allem guter Typografie. »Warum verwendest du jetzt die Comic Sans statt der Verdana?« – »Weil ich es kann.«

Freuen wir uns über die dritte Phase. Wir können heute theoretisch jede Schrift einsetzen, verwenden aber gut lesbare, inhaltlich passende und technisch optimierte Webfonts. Und wir greifen dann, wenn es sinnvoll erscheint, auch auf »alte« Systemschriften zurück.

Besonderheiten durch die geringe Auflösung

Unsere Entscheidung für eine Webschrift fällt mithilfe ähnlicher Kriterien wie bei der Wahl der Schrift für ein Printprodukt. Wir suchen eine Schrift, die zum Thema und zur Zielgruppe passt. Sie soll frisch und innovativ wirken, originell und individuell. Einzig die geringere Auflösung am Monitor und die damit verbundene erschwerte Lesbarkeit bei kleinen Schriftgraden sollte Beachtung finden und ist auch ein Grund dafür, dass Serifenschriften für eine optimale Lesegröße weniger empfehlenswert sind.

Mit Senfsaat, Pfeffer, Sellerie, Dill, Koriander, Lorbeerblättern, Piment, Wacholderbeeren, Zwiebeln und Nelken lässt sich unsere Mischung »SaltyFish« – speziell für Fische aus dem

Die Minion als Serifenschrift ist relativ schnell aus dem Rennen. Zum einen ist die Lesbarkeit in dieser Größe nicht optimal, zum anderen erscheint sie nicht innovativ und frisch genug.

Mit Senfsaat, Pfeffer, Sellerie, Dill, Koriander, Lorbeerblättern, Piment, Wacholderbeeren, Zwiebeln und Nelken lässt sich unsere Mischung »SaltyFish« – speziell für Fische aus

Die Lora ist zwar durch ihre großen Mittellängen verhältnismäßig leicht erkennbar, trotzdem genügt sie mit ihren dünnen Serifen nicht unseren Ansprüchen an die Lesbarkeit des Grundtextes.

Mit Senfsaat, Pfeffer, Sellerie, Dill, Koriander, Lorbeerblättern, Piment, Wacholderbeeren, Zwiebeln und Nelken lässt sich unsere Mischung »SaltyFish« – speziell für Fische aus

Mit der Philosopher haben wir eine Schrift, die weder zu den Serifenlosen noch zu den Serifenschriften zählt. Genauso unklar wie die Einsortierung ist auch ihre Wirkung – sie wirkt unentschlossen und leicht überholt.

würzunder

Mit Senfsaat, Pfeffer, Sellerie

Die Zilla Slab Highlight ist eine serifenbetonte und klare Schrift. Mit ihrer Kraft und ihrem sehr selbstsicheren Auftreten trifft sie recht gut das, was wir suchen. Ihre Besonderheit ist die Tatsache, dass die Schriftfarbe nicht negativ, sondern transparent ist und somit eventuelle Hintergründe durchscheinen.

Home Produkte Shop Blog Rezepte Kontakt

würzunder

the newest

Kopf und Bauch verbinden mit »WarmBalance«

14.9.2019

Unsere neueste kreative Mischung besteht aus Pfeffer, Kurkuma, Paprika, einer leichten Brise Chili für die Würze und einigen grünen Kräutern, die die Mischung auf ganz bekömmliche Art und Weise …

Weiterlesen…

Die Mischung für den »SweetyFish«

5.8.2019

Bei wem Schleie, Aal oder Sterlet, Forelle oder Karpfen auf dem Tisch landet, würzt ihn am besten mit unserer »SweetyFish«-Mischung. Enthalten sind Thymian, getrocknete …

Weiterlesen…

Lorbeer und Sternanis für den »BlackBeat«

1.7.2019

Lorbeer und Sternanis geben in dieser Mischung den Ton an. Besonders rotes Fleisch lässt sich mit der würzigen, aber dennoch dezenten Mischung »BlackBeat« hervorragend zu seinem eigenen …

Weiterlesen…

Besondere Kreation für den »SaltyFish«

5.7.2019

Mit Senfsaat, Pfeffer, Sellerie, Dill, Koriander, Lorbeerblättern, Piment, Wacholderbeeren, Zwiebeln und Nelken lässt sich unsere Mischung

Über uns

Gestatten, dürfen wir uns vorstellen? Wir sind vier Freunde, die gemeinsam die Idee entwickelt haben, mit unseren Gewürzmischungen das Kochen zu einem Fest zu machen. Wir verwenden ausschließlich reinste Gewürze mit Bio-Siegel und stehen hinter unseren Produkten.
Sie benötigen eine Beratung? Wir stehen Ihnen **Montag bis Freitag von 9.00 Uhr bis 18.00 Uhr** zur Verfügung. Oder schreiben Sie eine Email an info@würzunder.de.

Wir freuen uns auf Sie! Ihr Team vom **würzunder**

Gewürzlexikon

Das Wunder Kurkuma

Nicht nur Pfeffer

Das rote Salz

Vanille und die Schote

verlängert

Hinterlegung verlängern

Bei solchen Schriften sollte man, wie generell bei Hinterlegungen mit Linien, vor und nach dem Wort die Hinterlegung auf die Breite eines Wortzwischenraums verlängern – bei einer automatischen Hinterlegung wie dieser hier genügt dafür das Hinzufügen eines Leerraums.

Die Zilla Slab Highlight wirkt entschlossen und über alle Zweifel erhaben – eine kräftige Schrift für kräftige Gewürzmischungen.

Genauer betrachtet: Schriftregeln im Web

Viele Regeln der Typografie lassen sich von der analogen auf die digitale Welt übertragen. Jedoch eben nicht alle. Es gibt einige Ausnahmen, die bei der Gestaltung von Text, den Sie digital auf Ihrer Website veröffentlichen wollen, zu beachten sind. Diesen Ausnahmen sollten Sie besondere Aufmerksamkeit schenken.

Regeln zur Arbeit mit Text im Web

- Vermeiden Sie das Unterstreichen als Auszeichnung, es wird als Link verstanden.
- Vermeiden Sie Großbuchstaben und kursive Schnitte; arbeiten Sie lieber mit fetten Schnitten.
- Strukturieren Sie den Text deutlich. Arbeiten Sie mit Gruppen und Abständen.

Drei Hierarchieebenen im Text sollten genügen.

Keine Unterstreichung als Auszeichnung; lieber eine **Bold**. Auch Farbe symbolisiert einen Link.

keine GROSSBUCHSTABEN, keine kleinen kursiven Schnitte, lieber eine **Bold** oder **Semibold**

An- und Abführungszeichen

Wer behauptet, im Web gäbe es nur Zollzeichen, ist entweder zu träge oder zu unwissend, um die richtigen Zeichen zu tippen. Bitte verwenden Sie auch im Web die korrekten An- und Abführungszeichen und keine Zollzeichen.

Deutsche Zeichen (99 unten): „ (66 oben): ”
Französische Zeichen in deutscher Verwendung: (Doppelpfeil nach innen): »Beispiel«

"Beispiel" 

„Beispiel“ 
„Beispiel“

»Beispiel« 
»Beispiel«

Silbentrennung

Texte auf Websites werden nicht automatisch getrennt. Dies liegt daran, dass kein Wörterbuch hinterlegt ist. Von manuell eingefügten Trennungen sollte man ebenfalls Abstand nehmen, weil diese bei einem anderen, browserbedingten Zeilenfall (Stichwort Responsive Design) nicht von allein verschwinden und auch Suchmaschinen die Wörter nur inklusive Trennstrich finden würden.

Aus den gleichen Gründen gilt es, manuelle Zeilenumbrüche zu vermeiden. Die gute Nachricht ist: Es gibt eine Art geschütztes Leerzeichen, zu erreichen mit dem HTML-Code   (no-break space), um zum Beispiel den Preis und das Eurozeichen zusammenzuhalten.

Der Preis des Geräts beträgt 48
€ und liegt somit im unteren Qualitätsbereich.
<p> 48 € </p>

Der Preis des Geräts beträgt
48 € und liegt somit im Qualitätsbereich.
<p> 48 € </p>

Beim Responsive Design, dem »reagierenden« Design, werden die Websites so gestaltet, dass sie auf die Größe und Eigenschaften der verschiedenen Abrufmedien (Computer, Laptop, Smartphone) flexibel reagieren, indem der vorhandene Platz optimal genutzt wird.

Genauer betrachtet: die richtige Schriftgröße für Print und Web

Was ist die »richtige« Schriftgröße für die Website, den Flyer, das Plakat oder die Visitenkarte? Die eine, richtige Größe gibt es natürlich nicht. Aber es gibt Anhaltspunkte und Regeln, mit deren Hilfe man sich an die optimale Größe heranarbeiten kann. Dazu drei Stichpunkte, die relevant sind: die Schrift (speziell die Mittellängengröße), die Textart und der Leseabstand.

Die Schrift

Viermal ein Name, immer in der gleichen Schriftgröße gesetzt, nämlich 9 Punkt. Verwendet wurden die Stalemate, die Tabun, die Goudy Old Style und die Bookman Old Style.

Karol Karolinger

Karol Karolinger

Karol Karolinger

Karol Karolinger

Sogar innerhalb einer Schublade (wie in der der Serifenschriften) kann es deutliche Unterschiede geben. In erster Linie ist die Mittellänge für die gefühlte Größe und die Lesbarkeit einer Schrift verantwortlich, aber auch die tatsächlich messbare Gesamtgröße kann sich von Schrift zu Schrift stark unterscheiden.

Die Textart

Möchten Sie mit diesem Text auffallen oder informieren? Handelt es sich um einen längeren Text, der Zeile für Zeile erfasst werden soll? Oder ist es eine Überschrift? Ist es gar ein Blickfang auf einem Plakat, mit dem Sie auffallen wollen? Oder sind es Bildunterschriften und Marginaltext?

Stadtrand
BÜRO FÜR ARCHITEKTUR & STATIK

Oliver Beck

Berliner Straße 58
10678 Berlin
Tel. (030) 54 56 56 78
www.stadtrandarchitektur.de
post@stadtrandarchitektur.de

Visitenkarte in Originalgröße
Schrift: 8 Punkt Aller Light
Titelschrift: 46 Punkt Ruthie

Bei Bildunterschriften oder Randbemerkungen, aber auch bei Angaben auf Visitenkarten kann die Schriftgröße zwischen 6 und 9 Punkt betragen. Auszeichnungen wie Namen oder Titel können in 12 Punkt gut aussehen. Vermeiden Sie aber zu große Unterschiede. Auch Kapitälchentext ist in diesen Größen gut lesbar.

Lesetext in Broschüren, Flyern, Magazinen oder Büchern lässt sich häufig gut in 9 bis 10 Punkt lesen, auch bis 12 Punkt sind mit einem größeren Zeilenabstand gut erkennbar.

Beim Plakat wird die Schrift gut wahrgenommen, wenn die Größe mindestens einem Drittel der Plakathöhe entspricht.

Der Leseabstand

Der Leseabstand ist abhängig vom Medium. Ein Buch oder ein Magazin wird mit dem Abstand eines Unterarms gelesen (ca. 40 cm); das Handy wird in der Regel etwas näher gehalten (ca. 30 cm), und der Abstand zum Monitor ist in der Regel größer (ca. 70 cm). Der Leseabstand zwischen Leser und Monitor ist also in der Regel größer als der Abstand zwischen dem Leser und einem Magazin. Zudem weisen Bildschirmschriften eine deutlich niedrigere Auflösung auf als im Druck – zwei Gründe, warum die Schriftgröße online größer sein sollte als im Druck.

Besonderheiten bei der Website

Früher waren auf Websites winzige Punktgrößen für den Fließtext üblich, heute sind sie verpönt. Der ursprüngliche Ehrgeiz, den gesamten Inhalt für den Betrachter auf eine sichtbare Größe zu bekommen, ohne dass dieser scrollen muss, sind längst und glücklicherweise vorbei. Wer heute noch mit Mikroschriften arbeitet, outet sich allenfalls als unprofessionell.

Anhaltspunkte

12 Punkt gedruckt entsprechen ca. 16 Pixel (kurz px) – die Leseschriftgröße im Web darf also ohne Weiteres 16 Pixel und mehr betragen. Die Überschriften können doppelt so groß sein. Der Zeilenabstand darf im Verhältnis zur Schriftgröße einen Faktor von 1,5 betragen, die Zeilenbreite wiederum das 25-Fache des neuen Wertes – oder ca. 55 bis 75 Zeichen pro Zeile.

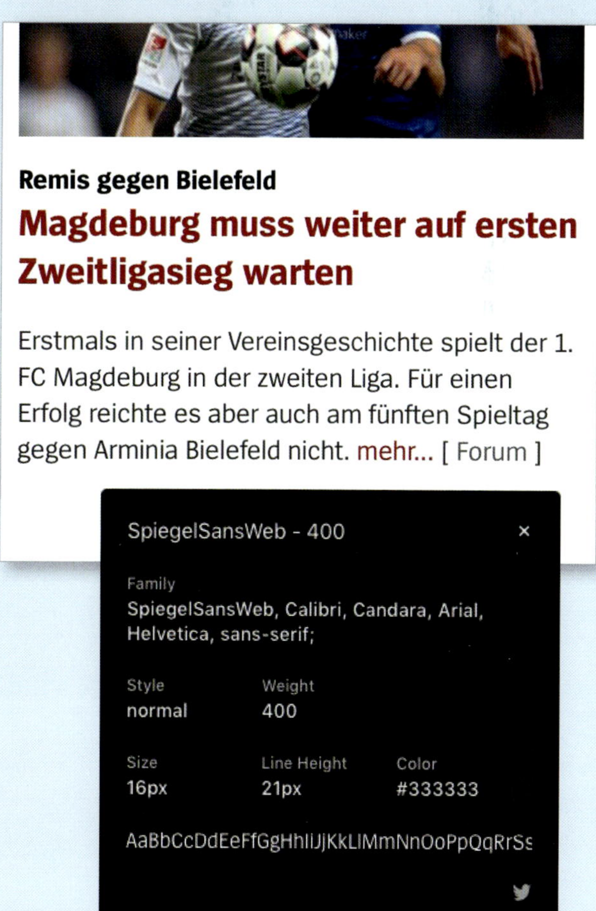

Der SPON verwendet auf seiner Startseite in seiner Dachzeile sowie im Grundtext eine Größe von 16 Pixel; die rote Headline hat eine Größe von 22 Pixel.

Klickt man auf »mehr«, wird der gesamte Artikel angezeigt; hier wird mit 18 Pixel gearbeitet.

Farbwahl und Kontrast

Farben wecken beim Menschen Assoziationen, rufen Gefühle hervor und wirken auf die Psyche. Wer im Web veröffentlicht, muss sich über die Wirkung der Farben genauso bewusst sein wie derjenige, der das Layout gestaltet.

Farbe beeinflusst aber nicht nur die Wirkung, sondern auch die Lesbarkeit. Schrift wird erst lesbar durch Kontrast, also durch den Unterschied zwischen der Schriftfarbe und der Hintergrundfarbe.

Eine geeignete Farbe finden

Die verwendeten Bilder der Gewürzmischungen sind farbenfroh; wer hier noch neben dem Schwarz eine weitere Farbe einsetzt, hat genug Buntes ins Spiel gebracht. Wir entscheiden uns für ein dunkles, kräftiges Rot, das für Kraft, aber natürlich auch für die Schärfe und die Intensität der Gewürze steht. Im Gegensatz zu einem hellen Rot erleichtert das dunkle Rot den Kontrast zum Hintergrund und somit auch die Lesbarkeit.

Kontrast schwächen

Nicht nur die Katze in der Nacht ist grau. Alles ist dunkel, es fehlt der Kontrast. Genauso verhält es sich bei der Gestaltung – nur durch Kontrast können wir die Informationen überhaupt wahrnehmen. Aber nicht immer ist der stärkste Kontrast die beste Wahl. Einige Webseiten arbeiten mit einem leicht abgeschwächten Hintergrundkontrast, indem entweder die schwarze Schrift oder der weiße Hintergrund abgeschwächt wird, also zum Beispiel schwarzer Text auf hellgrauem oder beigem Hintergrund oder auch dunkelgraue Schrift auf weißem Hintergrund.

Ein zu dunkler Hintergrund (im linken Beispiel mit 25 % Schwarz angelegt) wirkt leicht deprimierend, und die schwarze Schrift wird schwer lesbar. Ein weißer Hintergrund (im rechten Beispiel) ist in Ordnung, allerdings für längere Texte etwas ermüdender als der leicht reduzierte Kontrast.

Auf unserer Gewürzseite haben wir uns für einen hellgrauen Hintergrund mit 5 % Schwarz entschieden. Für den Lesekomfort ist diese leichte Abschwächung des Kontrasts durchaus empfehlenswert.

Die Top-Tipps zur Gestaltung einer Website

1. Arbeiten Sie mit einer klaren Raumaufteilung.
3. Nutzen Sie den Weißraum als strukturierendes Element.
4. Viel bunt verursacht online keine Kosten? Falsch – es kostet Leser. Vermeiden Sie wilde Farbkombinationen, und beschränken Sie sich auf die Farben, die zu Ihrem Unternehmen passen.
5. Mikroschriften möchte keiner entziffern. Arbeiten Sie mit vernünftigen Schriftgrößen und korrekter Detailtypografie – die gibt es auch fürs Web.

Informationen aufbereiten

Einen Geschäftsbericht ausarbeiten

Der Geschäftsbericht eines Unternehmens aus der IT-Branche enthält in erster Linie eine Menge Zahlen und viele Fakten. Damit der Bericht nicht in einem optisch uninteressanten Buchstabenmatsch endet, gilt es, längere Texte mit Abständen und Überschriften zu strukturieren, die richtige Breite für die Textspalten zu finden und Zahlen in optisch leicht erfassbare Diagramme umzusetzen. Ein funktionierendes Inhaltsverzeichnis erleichtert den Überblick.

Bitte nicht so trocken!
Viele Informationen und Fakten anschaulich und ansprechend gestalten – das ist in unserem Geschäftsbericht die Herausforderung.

Den Satzspiegel definieren

Die bedruckte Fläche des Geschäftsberichts bildet die Grundlage der Seite und will gut überlegt sein. Es gibt unterschiedliche Meinungen, ob der Kolumnentitel (oben) und die Pagina (unten) zum Satzspiegel gehören. Letztlich spielt das keine Rolle – wer beide dazurechnet, hält den Satzspiegel größer, wer sie rausrechnet, kann den Satzspiegel etwas kleiner halten.

Wer wenig Inhalt und ein großes Papierformat zur Verfügung hat, kann den Satzspiegel entsprechend groß halten. Wichtig ist vor allem, dass auf allen Seiten eines mehrseitigen Dokuments der gleiche Satzspiegel zum Einsatz kommt und dass innen und oben weniger freier Raum ist als außen und unten.

Geschäftsbericht 2019

Im vergangenen Jahr 2018 konnten wir einige strategische Initiativen und Projekte umsetzen und so un-

31,3 %

der Kosten fließen in die Wertschöpfungskette.

✓ Die Bauer Bodoni als Serifenschrift lässt sich zwar grundsätzlich gut mit einer Serifenlosen kombinieren, allerdings ist die Bodoni eine sehr strenge und klassische Serifenschrift. Deswegen sind wir noch nicht ganz sicher, ob sie mit der unkomplizierten Open Sans harmonieren will.

Geschäftsbericht 2019

Im vergangenen Jahr 2018 konnten wir einige strategische Initiativen und Projekte umsetzen und so un-

96,5 %

Mediävalziffern mit Ober- und Unterlängen

»Die Prognosen für 2019 waren gut, die Ergebnisse sind hervorragend.«

✓ Die Garamond ist eine ganz klassische Serifenschrift. Der kursive Schnitt wirkt dynamisch und hat Schmuckcharakter. Sie verfügt über Mediävalziffern. Gerade dann, wenn man sie als schmückende Auszeichnung einsetzen möchte und mit Zahlen arbeitet, kann man diesen Vorteil nutzen. Im Fließtext würde ich darauf verzichten, in größeren Schriftgraden kann man sie jedoch gut als Zierde einsetzen.

SPREEBERG AG | Geschäftsbericht 2019

Friedrich Böhnchen

Friedrich Böhnchen hat uns bereits 2017 und nun im zweiten Jahr 2018 geführt und geleitet. Der Gründer der SPREEBERG AG ist seit nunmehr 14 Jahren in der Branche tätig und hat sich seinem Unternehmen mit Leib und Seele verschrieben. Als Chief Executive Officer (CEO) übernimmt er die üblichen Aufgaben eines Geschäftsführers und plant die strategische Ausrichtung des Unternehmens. Er bestimmt die Platzierung am Markt gegenüber der Konkurrenz und trägt die Verantwortung für die Unternehmenszahlen.

Dazu gehören die Zahlen von Umsatz, Gewinn und Verlust. Friedrich Böhnchen lebt sein Verantwortungsbewusstsein und seine Fähigkeit, Entscheidungen zu fällen, die nicht immer bei allen Partnern und Mitarbeitern auf Wohlwollen stoßen, die am Ende aber zu einem erfolgreichen Unternehmen führen, das einer der Global Player im Non-Food-Markt ist.

4

Geschäftsbericht 2019 | SPREEBERG AG

»Die Prognosen für 2019 waren gut, die Ergebnisse sind hervorragend.«

96,5 %

96,5 % Eine Zufriedenheit von 96,5% bei unseren Kunden

88,6 % Eine Erfolgsquote von 88,6% bei den Einzelhändlern

71,3 % Eine Steigerung von 71,3% im Bereich E-Commerce

5

Geschäftsbericht 2019 | **SPREEBERG AG**

Die Kostentransparenz

Mit unserer neu eingeführten Kostentransparenz durchbrechen wir weitere Märkte überschaubar und fortschrittlich. Auch unser Kostenmanagement ist dadurch enorm stabil geworden und bringt uns dazu, die Strukturen zur Verbesserung der Global Finace Organisation voranzutreiben. Durch eine stärker vorangetriebene Automatisierung bestimmter Prozesse konnten unsere Service Center Organisation Supplies an Umsatz gewinnen und ihre Marktposition erhöhen.

Nachhaltigkeit auf allen Ebenen

Die SPREEBERG AG steht für Nachhaltigkeit und zeigt vor allem im Umweltschutz und beim Thema Klima und Erderwärmung eine klare Verantwortung für ihre Branche. Unser Marktsegment Global Assistant Earth Climatic hat eine klare Strategie entwickelt, mit der in den nächsten Jahren mittelfristig sowie auch bereits kurzfristig in den Jahren 2020 und 2021 das nachhaltige Handeln im Vordergrund steht.

Davon betroffen sind nicht nur unsere Abläufe, sondern wir wollen die gesamte Wertschöpfungskette verändern. Für unser Engagement wurde die SPREEBERG AG bereits 2018 mit dem europäischen Nachhaltigkeitspreis „Global World for Change" ausgezeichnet, der Dank geht in erster Linie an das Team und die Mitarbeiter der Global Assistant Earth Climatic mit ihrem Sitz in Brandenburg.

Bei unseren Kunden konnten wir viele neue Kunden gewinnen und mehrfach Akquisitionen vereinbaren und abschließen. Das betrifft einen Gesamtwert von rund 8,5 Millionen Euro. Die Investitionen wer-

den unser jetzt schon rundes Portfolio auf erfolgreiche Art und Weise ergänzen und unsere Stärke im Wettbewerbsmarkt weiterhin stärken. Die Zahlen zeigen, dass wir mit den richtigen Strategien und Zielen eingestiegen und in die richtigen Produkte investiert haben.

31,3 %
der Kosten fließen in die Wertschöpfungskette

12,3 %
werden von der Golal Finace Organisation getragen.

18,9 %
Personalkosten sind Teil des nachhaltigen Handelns.

37,5 %
fließen in das Devil Assistant Revenue Management.

Der Test mit der Bauer Bodoni

Die Bauer Bodoni kam in die engere Auswahl und wird deswegen noch einmal live getestet. Aufgrund der eckigen Übergänge zu den Serifen wirkt sie hart und kantig. Sie weist einen großen Unterschied in den Strichstärken auf, der Kontrast zwischen den dünnen und dicken Strichen ist sehr ausgeprägt. Im Gegensatz dazu hat die Open Sans gar keine Strichstärkenunterschiede – auch ein Grund, warum den beiden Schriften die Verbindung zueinander fehlt.

Geschäftsbericht 2019 | **SPREEBERG AG**

Die Kostentransparenz

Mit unserer neu eingeführten Kostentransparenz durchbrechen wir weitere Märkte überschaubar und fortschrittlich. Auch unser Kostenmanagement ist dadurch enorm stabil geworden und bringt uns dazu, die Strukturen zur Verbesserung der Global Finace Organisation voranzutreiben. Durch eine stärker vorangetriebene Automatisierung bestimmter Prozesse konnten unsere Service Center Organisation Supplies an Umsatz gewinnen und ihre Marktposition erhöhen.

Nachhaltigkeit auf allen Ebenen

Die SPREEBERG AG steht für Nachhaltigkeit und zeigt vor allem im Umweltschutz und beim Thema Klima und Erderwärmung eine klare Verantwortung für ihre Branche. Unser Marktsegment Global Assistant Earth Climatic hat eine klare Strategie entwickelt, mit der in den nächsten Jahren mittelfristig sowie auch bereits kurzfristig in den Jahren 2020 und 2021 das nachhaltige Handeln im Vordergrund steht.

Davon betroffen sind nicht nur unsere Abläufe, sondern wir wollen die gesamte Wertschöpfungskette verändern. Für unser Engagement wurde die SPREEBERG AG bereits 2018 mit dem europäischen Nachhaltigkeitspreis „Global World for Change" ausgezeichnet, der Dank geht in erster Linie an das Team und die Mitarbeiter der Global Assistant Earth Climatic mit ihrem Sitz in Brandenburg.

Bei unseren Kunden aus der Industrie und unserem Konsumentengeschäft konnten wir viele neue Kunden gewinnen und mehrfach Akquisitionen vereinbaren und abschließen. Das betrifft einen Gesamtwert

Lebensmittel
Automobil
Kosmetik
Fabrikationen
Wasser
Stoffe
Umweltschutz

von rund 8,5 Millionen Euro. Die Investitionen werden unser jetzt schon rundes Portfolio auf erfolgreiche Art und Weise ergänzen und unsere Stärke im Wettbewerbsmarkt weiterhin stärken. Die Zahlen zeigen, dass wir mit den richtigen Strategien und

31,3 %
der Kosten fließen in die Wertschöpfungskette.

12,3 %
werden von der Global Finace Organisation getragen.

18,9 %
Personalkosten sind Teil des nachhaltigen Handelns.

37,5 %
fließen in das Devil Assistant Revenue Management.

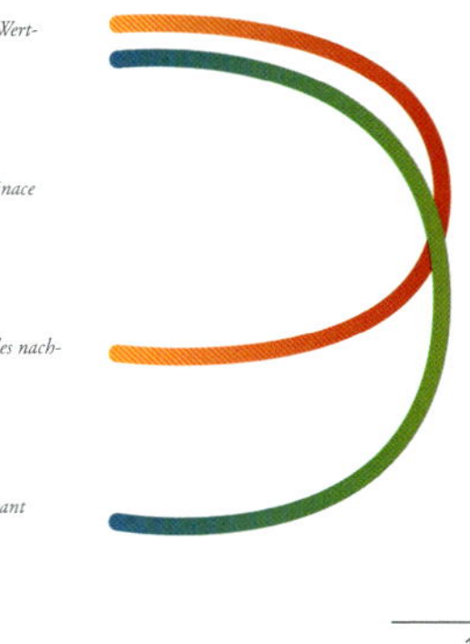

13

Der Test mit der Garamond

Im direkten Vergleich dazu wird der Text in der kursiven Garamond ausgezeichnet. Die leichte Unbekümmertheit der Kursiven harmoniert deutlich besser mit der Open Sans, trotzdem strahlt die Garamond genug Seriosität aus, um die Zahlen eines Geschäftsberichts glaubwürdig zu vermitteln.

Das Inhaltsverzeichnis übersichtlich gestalten

Die Übersicht ist gut, die Kapitelunterteilung ist erkennbar, und die Seitenzahlen sind auf einen Blick erfassbar. Eine gute Basis, aber wir haben ausreichend Platz und können daher ein bisschen Schmuck oder auch grafische Elemente einfügen – allerdings nicht solche, die die Übersicht erschweren, sondern solche, die unser Ziel unterstützen. Rahmen, Flächen und Linien zum Beispiel sind Elemente, die unterteilen und sortieren.

Grundsätzlich sorgt die Wiederholung eines Stilelements für Wiedererkennung und somit für ein Wohlgefühl – sogar dann, wenn das Element auf der gleichen Seite auftritt. Falls bereits Stilelemente im Projekt verwendet werden, sollte man diese wiederholen, sofern sie sich für ein Inhaltsverzeichnis eignen.

Ein stimmiges Bild entsteht, wenn die Strichstärke der Schrift und die Linienstärke identisch oder zumindest sehr ähnlich sind.

Eine andere Variante

Bei dieser Variante dienen die Kapitelnummern als schmückendes Element; auch hier wurde die Strichstärke der senkrechten Linie an die Strichstärke der Kapitelzahl angepasst.

Arbeiten Sie sauber. Kontrollieren Sie Abschlüsse und Kanten. Rundungen dürfen ein klein wenig über die Kante hinausragen, erst dann wirken sie bündig.

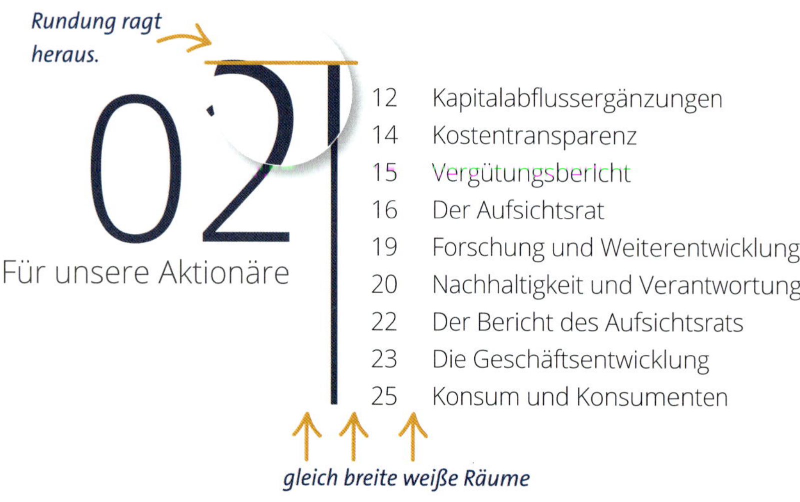

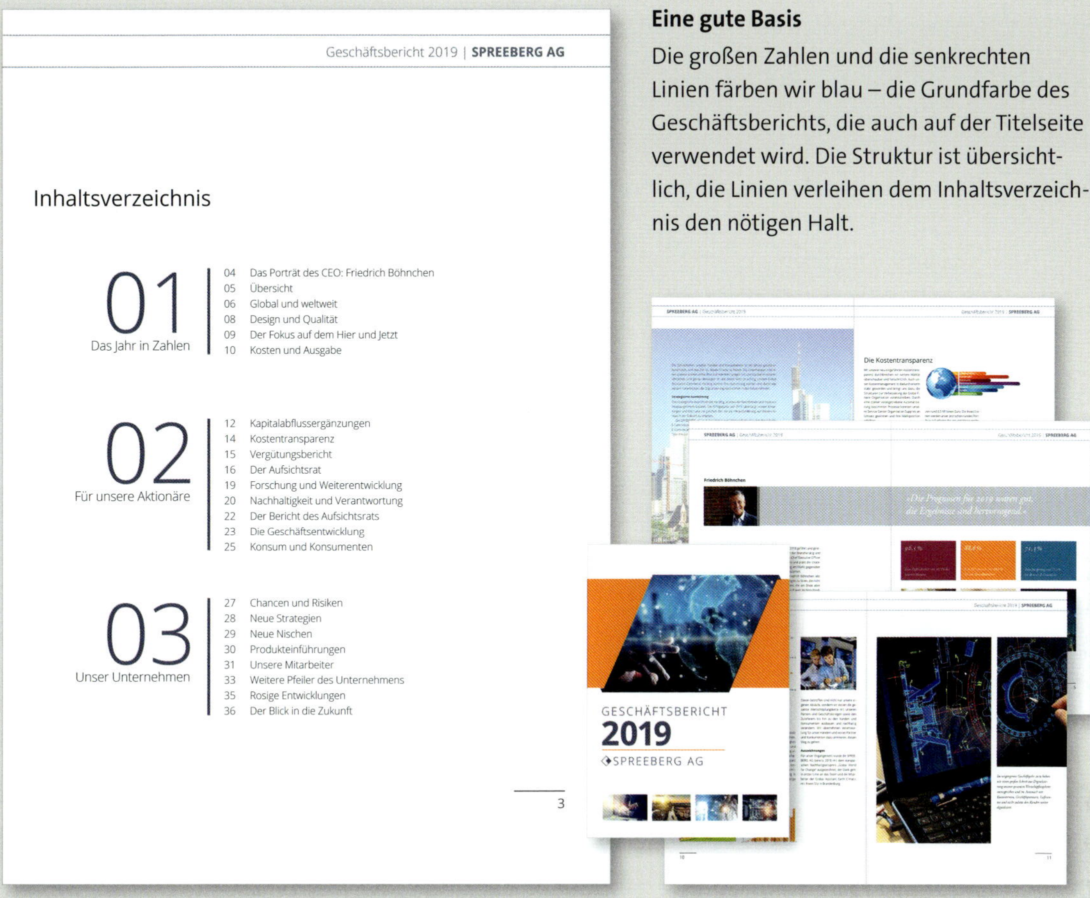

Eine gute Basis
Die großen Zahlen und die senkrechten Linien färben wir blau – die Grundfarbe des Geschäftsberichts, die auch auf der Titelseite verwendet wird. Die Struktur ist übersichtlich, die Linien verleihen dem Inhaltsverzeichnis den nötigen Halt.

Die Top-Tipps zur Gestaltung eines Geschäftsberichts

1. Jedes neue Element sollte mit einem vorhandenen Element gestalterisch verbunden sein.
2. Arbeiten Sie mit Weißraum. Er sorgt für Übersicht und sorgt für Seriosität.
3. Bestimmen Sie zuerst die Typografie des Grundtextes, denn dieser bestimmt vorrangig das Erscheinungsbild der gesamten Broschüre. Danach folgen die Überschriften und Bildunterschriften, dann andere Elemente wie das Inhaltsverzeichnis.
4. Achten Sie auf korrekte Abstände zwischen den Textblöcken wie zum Beispiel dem Grundtext und den Überschriften. Inhaltlich zusammengehörige Blöcke müssen auch optisch als zusammengehörend erkennbar sein.

Bildnachweis

Inhaltsverzeichnis

Seite 4
Ollyy / Shutterstock.com;
chaoss / Shutterstock.com

Seite 5
iwanara / Shutterstock.com;
kurhan / Shutterstock.com

Seite 6
Katty Meow / Shutterstock.com;
babystardesign / Shutterstock.com

Seite 7
sdecoret / Shutterstock.com;
PopTika / Shutterstock.com;
Patino / Shutterstock.com;
PopTika / Shutterstock.com;
Sergey Nivens / Shutterstock.com;
Monkey Business Images / Shutterstock.com; Jirapong Manustrong / Shutterstock.com; Montri Nipitvittaya / Shutterstock.com;
d1sk / Shutterstock.com

Kapitel 1

Seite 12
Hans Kim / Shutterstock.com

Seite 14
gwycech / Shutterstock.com;
Liderina / Shutterstock.com;
MNStudio / Shutterstock.com

Seite 15
Liderina / Shutterstock.com;
Evgeny Atamanenko / Shutterstock.com; Eviled / Shutterstock.com; wavebreakmedia / Shutterstock.com; ESB Professional / Shutterstock.com; Monkey Business Images / Shutterstock.com; MNStudio / Shutterstock.com

Seite 18
Phonlamai Photo / Shutterstock.com; Lucky Business / Shutterstock.com

Seite 21
Tirachard Kum / Shutterstock.com;
S_Photo / Shutterstock.com

Kapitel 2

Seite 29
Alice Day / Shutterstock.com;
Dejan Lazarevic / Shutterstock.com;
Vn Marina Lohrbach / Shutterstock.com

Seite 43
Martchan / Shutterstock.com;
MarCh13 / Shutterstock.com;
Africa Studio / Shutterstock.com

Seite 44
Jim Bowie / Shutterstock.com

Seite 54
Ollyy / Shutterstock.com

Seite 59
Wondervisuals / Shutterstock.com

Seite 60
GULSEN GUNEL / Shutterstock.com;
Anastasiya Samolovova / Shutterstock.com

Seite 63
pathdoc / Shutterstock.com

Kapitel 3

Seite 67
Lim Xiu Xiu / Shutterstock.com

Seite 68
Katty Meow / Shutterstock.com;
babystardesign / Shutterstock.com

Seite 69
Beyond Time / Shutterstock.com;
PlusONE / Shutterstock.com;
Von Photographee.eu / Shutterstock.com;
PlusONE / Shutterstock.com

Seite 71
Dundanim / Shutterstock.com

Seite 72
chaoss / Shutterstock.com;
chaoss / Shutterstock.com;
chaoss / Shutterstock.com;
chaoss / Shutterstock.com;
chaoss / Shutterstock.com

Seite 73
Artisticco / Shutterstock.com

Seite 75
MoonBloom / Shutterstock.com

Seite 76–77
Ollyy / Shutterstock.com
Seite 78
Alice Day / Shutterstock.com

Seite 79
4Max / Shutterstock.com

Seite 81
Blackline_design / Shutterstock.com; Valua Vitaly / Shutterstock.com; Vik Y / Shutterstock.com;
Alexa Beauty / Shutterstock.com;
Nik Merkulov / Shutterstock.com;
Zonda / Shutterstock.com;
Beautyimage / Shutterstock.com

Seite 87
iwanara / Shutterstock.com

Seite 98
Nataly Studio / Shutterstock.com

Seite 100
Ollyy / Shutterstock.com

Seite 103
Milos Luzanin / Shutterstock.com

Seite 107
Ramon Carretero / Shutterstock.com

Seite 108
Katty Meow / Shutterstock.com; babystardesign / Shutterstock.com

Seite 109
stockfour / Shutterstock.com

Seite 111
kurhan / Shutterstock.com

Seite 112
Halfpoint / Shutterstock.com

Kapitel 4

Seite 120, Workshop »Korrekte Detailtypografie«
PlusONE / Shutterstock.com; Mr Ucarer / Shutterstock.com; Koksharov Dmitry / Shutterstock.com; Eviled / Shutterstock.com; adpePhoto / Shutterstock.com; Beyond Time / Shutterstock.com; PlusONE / Shutterstock.com; Photographee.eu / Shutterstock.com;

Seite 121
Jamori / Shutterstock.com; zhu difeng / Shutterstock.com

Seite 123
(rechts) Alexander Gospodinov / Shutterstock.com

Seite 134
ImageFlow / Shutterstock.com

Seite 136
Icatnews / Shutterstock.com; Moreno Soppelsa / Shutterstock.com; giocalde / Shutterstock.com; Gayvoronskaya_Yana / Shutterstock.com

Seite 137
Comaniciu Dan / Shutterstock.com; Darq / Shutterstock.com

Seite 138, Workshop »Schrift als Blickfang«
Katty Meow / Shutterstock.com; babystardesign / Shutterstock.com

Seite 166, Workshop »Schwünge und Harmonien«
Dora Zett / Shutterstock.com

Seite 172, Workshop »Ein Briefbogen nach DIN-Norm«
FAND / Shutterstock.com

Seite 180, Workshop »Im Gestaltungsraster arbeiten«
arturasker / Shutterstock.com; Casper1774 / Shutterstock.com; Studio Von arturasker / Shutterstock.com; Artem Zhavrotskyy / Shutterstock.com; Heracles Kritikos / Shutterstock.com; Aetherial Images / Shutterstock.com; Heracles Kritikos / Shutterstock.com; Aetherial Images / Shutterstock.com; Alex_Traksel / Shutterstock.com; Luxerendering; Francesca Pianzola / Shutterstock.com; John_Walker / Shutterstock.com;

Seite 198
Nicholas Courtney / Shutterstock.com; Jaroslav Moravcik / Shutterstock.com; liseykina / Shutterstock.com; Nanisimova/ Shutterstock.com; Super Prin / Shutterstock.com; ZGPhotography / Shutterstock.com

Seite 199
(rechts oben) fokke baarssen / Shutterstock.com; ShinKaji / Shutterstock.com;
(unten) Nanisimova/ Shutterstock.com

Seite 216, Workshop »Raumaufteilung im Web«
Artem Shadrin / Shutterstock.com; AndrijaP / Shutterstock.com; Mikadun / Shutterstock.com; Tatuasha / Shutterstock.com; hryshai olena / Shutterstock.com; Cultura Motion / Shutterstock.com; amphaiwan / Shutterstock.com; VLADIMIR VK / Shutterstock.com; MaraZe / Shutterstock.com; Suto Norbert Zsolt / Shutterstock.com

Seite 217
Kolonko / Shutterstock.com

Seite 218
Mikadun / Shutterstock.com; xpixel / Shutterstock.com; orin/ Shutterstock.com; hryshai olena / Shutterstock.com; asmiphotoshop / Shutterstock.com; Vector Tradition / Shutterstock.com; AndrijaP / Shutterstock.com;

Seite 230, Workshop »Informationen aufbereiten«
sdecoret / Shutterstock.com; PopTika / Shutterstock.com; Patino / Shutterstock.com; PopTika / Shutterstock.com; Sergey Nivens / Shutterstock.com; ESB Professiona / Shutterstock.com; FERNANDO BLANCO CALZADA / Shutterstock.com;

Seite 239
katjen / Shutterstock.com; DavidArts / fotolia.de

Index

»Perfekte Ergebnisse für Print und Web«

394 Seiten, gebunden, 39,90 Euro
ISBN 978-3-8362-4501-2, erschienen April 2017
www.rheinwerk-verlag.de/4356

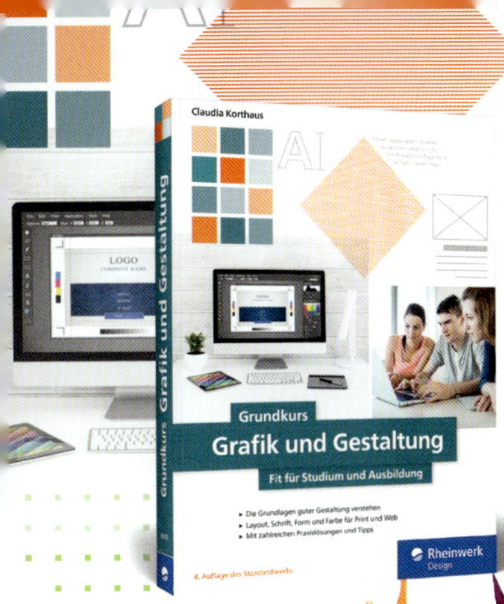

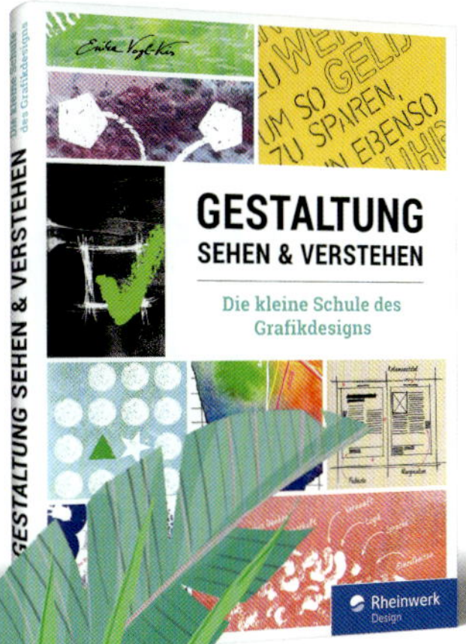

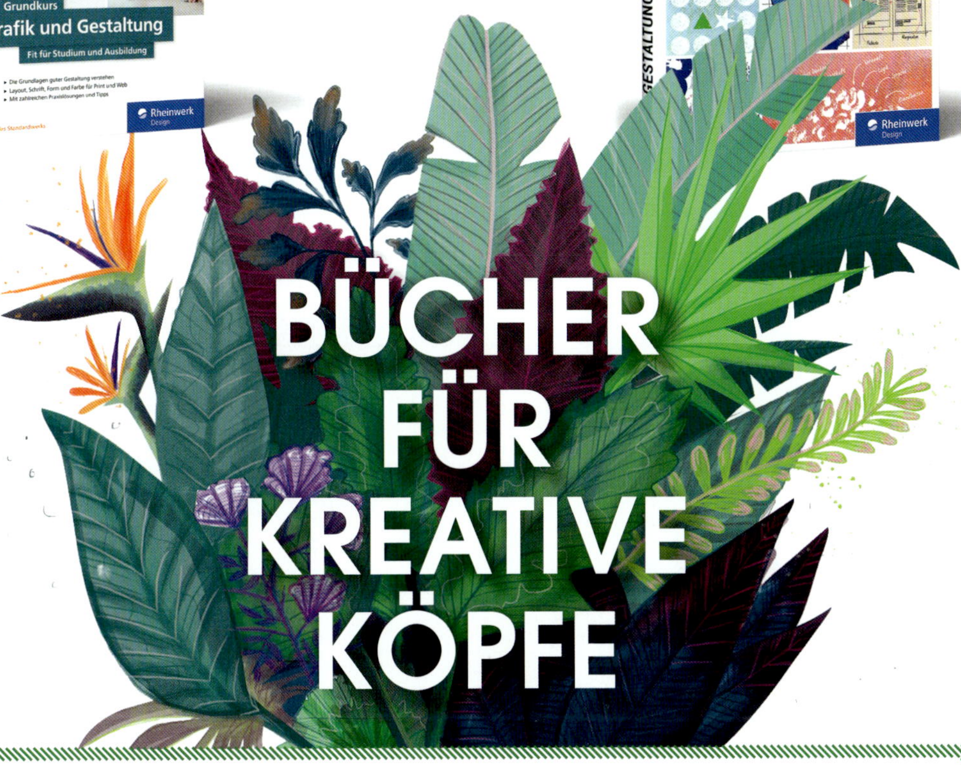

DAS BUCH FÜR
IDEEN SUCHER
Philipp Barth
Denkanstöße, Inspirationen und Impulse für Kreative
Rheinwerk Design

Gudrun Wegener
KREATIV SEIN, KREATIV BLEIBEN
Vom bewussten Umgang
mit den eigenen Ressourcen
Rheinwerk Design

SKETCHNOTES KANN JEDER
Visuelle Notizen leicht gemacht
Rheinwerk Design

Wir hoffen, dass Sie Freude an diesem Buch haben und sich Ihre Erwartungen erfüllen. Ihre Anregungen und Kommentare sind uns jederzeit willkommen. Bitte bewerten Sie doch das Buch auf unserer Website unter **www.rheinwerk-verlag.de/feedback**.

An diesem Buch haben viele mitgewirkt, insbesondere:

Lektorat Ruth Lahres
Korrektorat Angelika Glock, Ennepetal
Herstellung Maxi Beithe
Typografie und Layout Vera Brauner
Einbandgestaltung Eva Schmücker
Coverbild Shutterstock: 13369610 © Champion Studio, 289939553 © Alchena, 496180627 © Panwa, 675933346 © passion artist, 1028036164 © ussr; iStock: 622907408 © Chekat, 894875268 © Narvikk
Satz Claudia Korthaus
Druck Media-Print Informationstechnologie, Paderborn

Dieses Buch wurde gesetzt aus der TheAntiquaB und der TheSansOsF in Adobe InDesign CC 2019.
Gedruckt wurde es auf mattgestrichenem Bilderdruckpapier (135 g/m²).
Hergestellt in Deutschland.

Bibliografische Information der Deutschen Nationalbibliothek:
Die Deutsche Nationalbibliothek verzeichnet diese Publikation in der Deutschen Nationalbibliografie; detaillierte bibliografische Daten sind im Internet über *http://dnb.d-nb.de* abrufbar.

ISBN 978-3-8362-5692-6

1. Auflage 2019

Informationen zu unserem Verlag und Kontaktmöglichkeiten finden Sie auf unserer Verlagswebsite **www.rheinwerk-verlag.de**. Dort können Sie sich auch umfassend über unser aktuelles Programm informieren und unsere Bücher und E-Books bestellen.